长成这样是有道理的！

烧杯君和它的伙伴们

[日]上谷夫妇 著

优莱柏 译

U0397204

北京联合出版公司
Beijing United Publishing Co.,Ltd.

图书在版编目（CIP）数据

烧杯君和它的伙伴们 /（日）上谷夫妇著；优莱柏
译 . — 北京 : 北京联合出版公司 , 2020.9
ISBN 978-7-5596-4296-7

Ⅰ . ①烧… Ⅱ . ①上… ②优… Ⅲ . ①化学实验—少
儿读物 Ⅳ . ① O6-3

中国版本图书馆 CIP 数据核字 (2020) 第 096273 号

烧杯君和它的伙伴们

作　　者：[日]上谷夫妇
译　　者：优莱柏
出 品 人：赵红仕
责任编辑：高霁月
出版监制：谭燕春　高继书
选题策划：厦门优莱柏网络科技有限公司
　　　　　厦门外图凌零图书策划有限公司
装帧设计：吴思萍

北京联合出版公司出版
（北京市西城区德外大街 83 号楼 9 层　100088）
北京联合天畅文化传播公司发行
厦门市竞成印刷有限公司印刷　新华书店经销
字数 10 千字　880 毫米 ×1230 毫米　1/32　5.5 印张
2020 年 9 月第 1 版　2020 年 9 月第 1 次印刷
ISBN 978-7-5596-4296-7
定价：45.00 元

快乐学习之旅

目录

前言…1

如何阅读本书…5

○COLUMN
01 炼金术实现了实验用具的多样化…8

【烧杯君出场】…3

CHAPTER 1
烧杯君和它的亲戚

【多种多样的烧杯】
烧杯君…2

三角烧杯君…4

高型烧杯君…5

三角烧杯君…5

【搭档】
带柄烧杯君…6

不锈钢烧杯君和杯盖君…8

搪瓷烧杯君…9

石英玻璃烧杯君…9

○COLUMN
02 烧杯君的始祖…12

【用新的烧杯君做点别的】…10

CHAPTER 2
容器小伙伴

【各类烧瓶】
三角烧瓶君…14

圆底烧瓶弟弟和底座君…16

平底烧瓶君…18

茄形烧瓶君…18

圆形烧瓶君…18

【恐怖故事①】
恐怖故事君…19

蒸馏烧瓶君…20

梨形烧瓶君…20

【恐怖故事②】
长颈定氮烧瓶姐…22

三口烧瓶君…23

【试管兄弟】
试管兄弟…24

试管夹君…26

试管君…27

试管架君…27

离心管君和微型离心管君…28

离心分离机君…28

【分离】
Y形试管哥…29

培养皿男爵…30

蒸发皿大叔…30

表面皿妹妹…31

电子秤水平仪中的气泡君…31

试剂瓶君和试剂瓶盖君…32

集气瓶君和集气瓶盖君…32

微量刮勺君…33

镊子君…34

盖子君…34

玻璃塞君…36

硅胶塞妹妹…36

橡皮塞少年…37

软木塞君…37

○COLUMN
03 路易斯·巴斯德与鹅颈烧瓶…38

CHAPTER 3
称量用具小伙伴

【量液】
量筒君…40

量杯君…42

量杯妹妹…43

量瓶妹妹…43

安全吸气球君…44

滴管胶帽君…44

【滴管胶帽君的倾慕对象】
滴管胶帽君的倾慕对象…45

吸量管君…46

移液管君…46

酸式滴定管君…47

移液管君…47

一球滴管君…47

【重量和质量】
天平君和一对托盘君…48

圆柱砝码三兄弟…51

片状砝码三兄弟…51

电子秤君…52

精密电子秤君…52

电子秤水平仪中的气泡君…53

弹簧秤长老…54

药匙君…54

称量纸君…55

镊子君…55

【称量操作中的陷阱】…56

○COLUMN
04 科学实验的名人…58

【各种数值】…60

蓝色石蕊试纸君和红色石蕊试纸君…62

pH试纸君和比色卡君…63

棒式温度计君…64

数字温度计君…65

百叶箱君大…66

分光光度计君…66

石英比色皿君…67

指南针爷爷…67

电子秒表君和机械秒表叔…67

○COLUMN
05 如何测量高温…68

CHAPTER 4
移液小伙伴和清洁小伙伴

【各种过滤】
漏斗君…70

漏斗妹…72

漏斗台君…73

滤纸君…73

【分液漏斗夫人和分液漏斗盖君】
分液漏斗夫人和分液漏斗盖君…74

【头晕目眩】
头晕目眩…75

滴液漏斗哥…76

漏斗活塞君…76

布氏漏斗爷爷…77

抽滤瓶君…78

抽气泵君和分液漏斗君…79

【搅拌】
搅拌子君们…80

搅拌子君们…82

【合作】
磁力搅拌器君…84

搅拌棒君…84

目录

研钵君和钵杵君…85

【清洗】…86
刷子君们…88
移液管清洗三人组
洗瓶君…89

○COLUMN
06 清洗二三事…90

CHAPTER 5
加热小伙伴和冷却小伙伴

【加热】…92
酒精灯君和酒精灯帽君…94
煤气灯君…95
电子点火器君…95
火柴君…96
蜡烛君…96

【不由自主】
实验燃气炉君…97
金属网哥…98
泥三角三人组
坩埚君和坩埚盖君…99
蜡烛燃烧匙君…100
燃烧匙妹妹…100
燃烧前的钢丝球君和
燃烧后的钢丝球爷爷…101

【焰色反应】
焰色反应紫红战士…102
焰色反应（FR7）…104
FR7①…105
FR7②…106

【冷却】…107
冷却…108

直形冷凝管君…110
蛇形冷凝管君…111
球形冷凝管君…111
液氮君…112
液氮瓶君…112

【易发怒】…113

○COLUMN
07 伟大的本生灯…114

CHAPTER 6
观察实验小伙伴

【观察实验】…116
玻片君…118
显微镜小队…119
玻片君成长之路…120
放大镜君…122
便携式放大镜…123
折叠式放大镜君…123

○COLUMN
08 献身科学&艺术界的透镜…124

CHAPTER 7
电与磁小伙伴

【电与磁】…126
干电池君们…128
电流表君和电压表君…129
电源装置妹妹…129
小灯泡宝宝…130
测试导线双胞胎…130
磁铁君们…131

【磁力】…132
砂铁家族…133

○COLUMN
09 世界上最强的钕磁铁…134

CHAPTER 8
实验室的小帮手

【众多小帮手】…136
氮气瓶君和氩气君…138
铁架台君…139
万能夹君…139
通风橱先生…140
H_2O分子模型君…141
CO_2分子模型君…141

【寻找真正的水】…142
升降台哥…143
弯形干燥管君…143
科学计算机器人…144
干燥器君…144
紧急喷淋装置君…145

○COLUMN
10 白大褂和白十二单…146

○附录

角色关系图…148
等级排行…150
名词解释…152
索引…154

前言

少年时的我，喜欢画画、棒球和理科知识。然后在不知不觉间，我开始热衷于学习，后来考进了理工科大学。

有一天，我去参加了一个手工活动，看到很多人是带着自制的作品去的。于是就想起了以前喜欢画画的自己，不由得萌发了创作自己作品的想法，所以一回到家就开始提笔构思。

"如果真要画的话，我想画我喜欢的理科和化学方面的东西。不如……画化学用具的拟人化角色吧，既然这样，那主角肯定就是……"

就这样，本书标题上提到的"烧杯君"角色便应运而生了。后来慢慢增加角色的数量和种类，现在实验小伙伴的数量已经超过了130个。

这些实验用具的形状、名字，还有制作材料都有其各自的含义。

例如，"三角烧杯君之所以做成圆锥形，是为了防止液体溅出""蛇形冷凝管里的螺旋状内管是为了提高冷却效率"等，不胜枚举。

此外，本书还会提到很多冷门的小知识，平时经常做实验的理工科学生可能就会对此露出会心一笑，抑或从中读到自己不知道的东西。

　　本书对小学的读者可能参考价值不大，但我相信这本书能够给各位带来快乐。如果能记住这些小伙伴，以后上课说不定还能增添几分乐趣。

　　实验用具其实还有很多，希望大家可以更多地去接触它们。《烧杯君和它的伙伴们》以后也会不断推出新的角色。

　　撰写本书专栏的山村先生，设计本书的佐藤先生，还有给我机会出版这本书的理工类编辑杉浦先生，多亏了各位的帮助，《烧杯君和它的伙伴们》这本书的世界观才能充分地体现出来，成为一本能给人带来欢乐的实验用具图鉴。

　　各位在阅读本书的时候，如果能够设想自己正身处实验室，或联想起与实验室有关的事，定能体会到更多乐趣。

上谷夫妇

实验室
某大学
烧杯君
出场
嘎嗒嘎嗒
嘎嗒嘎嗒
嘎嗒嘎嗒
吱
嘶……
嘎嗒嘎嗒
嘎嗒嘎嗒
实验用具
烘干机
嘎嗒嘎嗒
嘎嗒嘎嗒
它就是烧杯君!!
啊——
活过来了——
咕噜
咕噜
水
它是烧杯君……?
好热，给我水……

烧杯君笔记

▼ 烧杯（beaker）的名字源自鸟喙（beak）。

以烧杯君为首，多种能加热的实验用具都是由美国康宁公司研制的"百丽耐热玻璃"等硼硅酸玻璃制成的。这是一种硬质玻璃，不仅比普通玻璃更坚固，而且热膨胀系数较小。一般来说，玻璃受热就会膨胀，而且玻璃导热性较差，所以只有加热部分会受热膨胀，然后开始变形扭曲，最后损坏。但如果热膨胀系数较小，加热的时候变形幅度也较小，玻璃就不容易损坏了。

如何阅读本书

如何阅读本书

本书作者将一些常见的实验用具拟人化成漫画角色，对它们的特点和用途进行了介绍。

首先我们会以漫画的形式，简述实验室"居民"在实验中的用法，然后再以图文结合的形式，介绍这些居民的特点。

也许本书的"烧杯君""三角烧瓶君"及其他居民在性格和语气表达方面，与您的实验伙伴会有所不同，但看到它们不同的一面也不失为一件有趣的事。

烧杯君

由耐热玻璃制成，能适应温度变化

略尖的烧杯口，形似鸟喙

精度不高的刻度线

早见指数
易受损指数
价格指数
刻度线精确指数
易清洗指数

用具名称 烧杯（beaker）
用具作用 盛装液体。
角色特点 本书的主人公。性格开朗。

实验伙伴

漏斗妹　　搅拌棒君　　搅拌子君

此雷达图用于表达作者的主观意见

利用五个象限，对实验用具的特点，以及使用方面的容易、困难、危险、必要指数做出评价。

一起做实验的小伙伴

此处列出经常一起做实验的搭档。

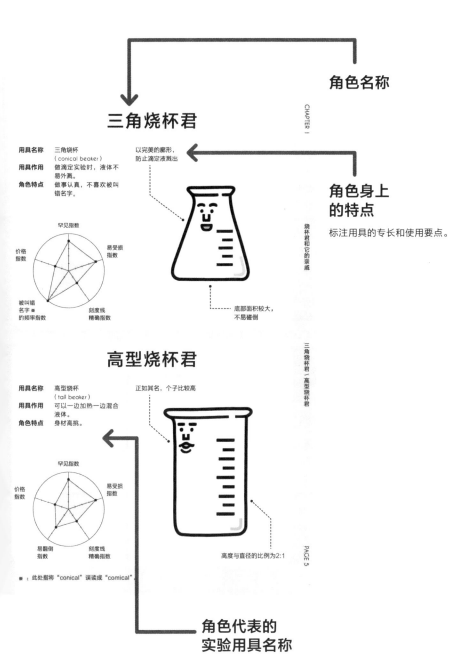

角色名称

三角烧杯君

用具名称	三角烧杯
	（conical beaker）
用具作用	做滴定实验时，液体不
	易外溅。
角色特点	做事认真，不喜欢被叫
	错名字。

以完美的廓形，
防止滴定液溅出

角色身上
的特点

标注用具的专长和使用要点。

罕见指数

价格
指数

易受损
指数

被叫错
名字 ※
的频率指数

刻度线
精确指数

底部面积较大，
不易碰倒

高型烧杯君

用具名称	高型烧杯
	（tall beaker）
用具作用	可以一边加热一边混合
	液体。
角色特点	身材高挑。

正如其名，个子比较高

罕见指数

价格
指数

易受损
指数

易翻倒
指数

刻度线
精确指数

※ ：此处指将"conical"误读成"comical"。

高度与直径的比例为2:1

角色代表的
实验用具名称

此处标注实验用具的名称
（中文+英文）。

烧杯君和它的亲戚

三角烧杯君、高型烧杯君

如何阅读本书

炼金术实现了
实验用具的多样化

　　科学实验有很多种，但总体来说就是"人类对自然界发生的现象进行实验和调查"。进行科学实验的场所叫作实验室，放在这个场所中为实验所用的工具就是实验用具。

　　科学实验也分很多领域，不同领域的实验室存放的实验用具也各不相同。其中，化学实验需要用到各种不同类型的玻璃仪器，因为化学实验的内容非常丰富。

　　例如，让两种物质发生反应并观察其变化、将多种物质混合在一起，从溶液中提取特定的物质（萃取）、调查混合物的成分（分析）、用多种物质组合制造出新的物质（合成反应）等。以上例子都是在化学实验中会遇到的。

　　这些化学实验的起源其实并无定论。人类文明出现后，人类逐渐开始从自然界中取材，制成瓷器和青铜器。在此过程中，他们肯定"调查过物质之间发生的反应"，人们认为这就是化学实验的起源。

　　后来，古埃及在公元前兴起了炼金术，当时的人们苦苦追寻长生不老的灵药，想方设法点石成金。结果，人们在此过程中发现了许多新物质，陆续发明了硫酸、硝酸、盐酸等化学试剂。与此同时，还开发出了多种多样的实验用具。可以说，现代实验用具的多样化离不开炼金术。

CHAPTER

我是
烧杯君。

烧杯君和
它的亲戚

多种多样的烧杯

来认识一下烧杯家族的成员吧。

嗯。

首先是它。

噔—

高型烧杯君

高型烧杯君的直径和高度的比例与其他成员不同。

1:2

3:4

① ② ③ ④

最适合水浴加热实验。

热水。

好烫

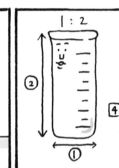

上半部分不太烫，可以直接用手抓起。

哗啦

接下来是它。

我的身体像圆锥形。

三角烧杯君

在滴定实验中，

不用担心滴定液下滴时会溅出瓶外。

嘀嗒嘀嗒

嘀嗒嘀嗒

溅出

振出

OK

即使用手晃动瓶身，

也不会溅出来！

转转转

请，请大家放心……

烧杯君和它的亲戚

多种多样的烧杯

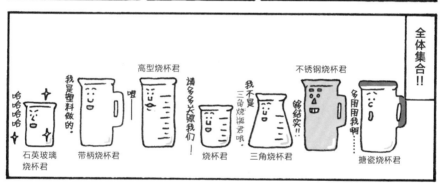

容量2升、5升的大烧杯，玻璃杯身都比较薄。对它们要比对待100毫升容量的烧杯更加小心，否则容易损坏。尤其是在它们装着液体的情况下一定要轻拿轻放，不然可能就会听到你最不想听的声音。这种大容量烧杯不仅脆弱易损，还不能加热，所以现在不怎么使用了。可是即使把它们扔掉也很占地方，一个就够塞满垃圾桶了。

烧杯君笔记

▼
做实验时要根据液体性质和实验条件选择合适的烧杯君！

烧杯君

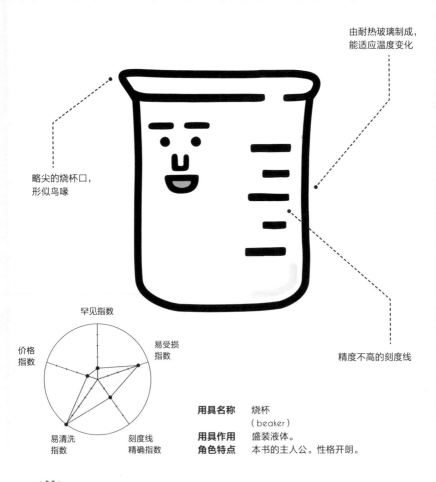

由耐热玻璃制成，
能适应温度变化

略尖的烧杯口，
形似鸟喙

精度不高的刻度线

罕见指数

价格指数　　　易受损指数

易清洗指数　　刻度线精确指数

用具名称　　烧杯
　　　　　　　（beaker）
用具作用　　盛装液体。
角色特点　　本书的主人公。性格开朗。

实验
伙伴

漏斗妹

搅拌棒君

搅拌子君

三角烧杯君

用具名称 三角烧杯
（conical beaker）

用具作用 做滴定实验时，液体不易外溅

角色特点 做事认真，不喜欢被叫错名字。※

以完美的廓形，
防止滴定液溅出

罕见指数

价格指数

易受损指数

被叫错名字※的频率指数

刻度线精确指数

底部面积较大，不易碰倒

高型烧杯君

用具名称 高型烧杯
（tall beaker）

用具作用 可以一边加热一边混合液体。

角色特点 身材高挑。

正如其名，个子比较高

罕见指数

价格指数

易受损指数

易翻倒指数

刻度线精确指数

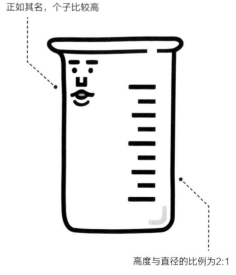

高度与直径的比例为2:1

※：此处指将"conical"误读成"comical"。

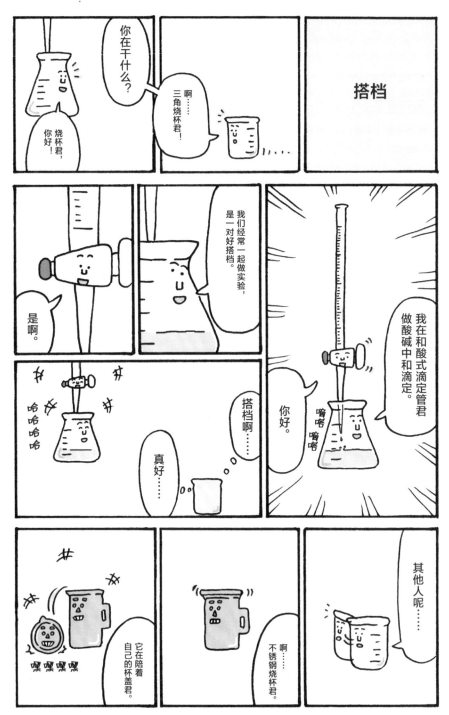

　　分液漏斗和酸式滴定管都配有活塞。经常有人在清洗时拔出活塞，然后就弄丢了。活塞和滴定管在烧制的时候是匹配好的，如果弄丢了原配的活塞，即便买新的也无法与之匹配。在接触面上涂一层凡士林或许能解决这个问题，但基本都因为漏液而用不了。丢失一个小小的活塞，就让昂贵的滴定管无法再次使用，这种事并不少见。

烧杯君笔记

▼ 做酸碱中和滴定时，要使用三角烧杯君。

带柄烧杯君

用具名称 带柄烧杯
（beaker with handle）

用具作用 能将高温的液体倒进
实验用具中。

角色特点 心胸广阔。

温和的表情

有一个牢固的把手

- 早见指数
- 价格指数
- 易受损指数
- 易受污染指数
- 易拿取指数

不锈钢烧杯君和杯盖君

用具名称 不锈钢烧杯
（stainless steel beaker）

用具作用 能盛装腐蚀性较高的
液体。

角色特点 闪亮的身体正是它的魅
力所在。

脸长得像机器人

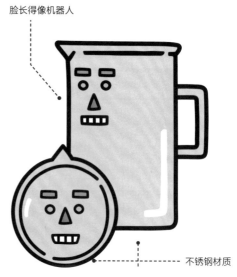

不锈钢材质

- 早见指数
- 价格指数
- 易受损指数
- 耐腐蚀指数
- 易拿取指数

搪瓷烧杯君

用具名称 搪瓷烧杯
（enamel beaker）

用具作用 能盛装腐蚀性较高的
液体。

角色特点 不管看到什么都会惊
叹一番。

嘴巴因吃惊而张大

早见指数

易受损
指数

价格
指数

适用于
各种实验

作为厨房
容器使用

富有光泽的身体

石英玻璃烧杯君

用具名称 石英玻璃烧杯
（quartz glass beaker）

用具作用 能盛装高浓度的酸性
液体。

角色特点 单方面将烧杯君视为其
竞争对手。

由石英玻璃制成，
二氧化硅纯度较高

早见指数

价格
指数

易受损
指数

耐热指数

透明指数

透明度极高

用新的烧杯君
做点别的

烧杯君和它的亲戚

用新的烧杯君做点别的

烧杯君和它的亲戚

用新的烧杯君做点别的

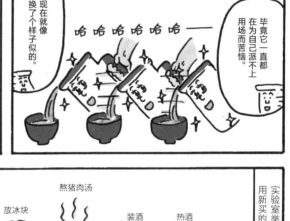

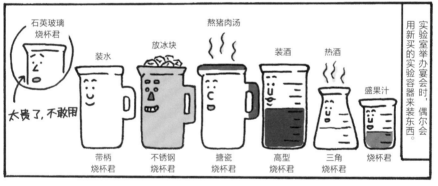

　　装过化学试剂的实验容器，都不能在日常生活中使用。不过有些烧杯造型太漂亮，也难怪大家忍不住要买新的来装饰房间，或摆放在橱柜里。

　　但是，烧杯碎片比其他玻璃的碎片锋利得多，打碎时还会飞散出很多细小的碎片。一旦打碎，就得用粘毛滚筒和家里的地毯苦战一番。我吃过一次苦头，自此引以为戒。

烧杯君笔记

▼做过实验的容器很可能会有化学药品残留，所以千万不要拿来盛装食物哦！

烧杯君的始祖

烧杯到底是什么时候诞生的呢？其实这个问题还真的很难回答。翻一翻史料，玻璃制造的历史可以追溯到公元前2250年的美索不达米亚文明时期。而玻璃容器则是在公元前16世纪开始出现的，至于是否用于实验就不得而知了。

继续深究下去之后，我们发现在公元前19世纪到公元前16世纪期间，欧洲各地正流行一种"钟形杯"。而在更古老的年代还有一种漏斗形的杯子。

不过这些杯子都是用黏土烧制而成的瓷器，当然不会用于化学实验，而只是当作杯子来使用，也就是普通的生活用具。这些杯子虽然可以算是烧杯君的始祖，但它们又是瓷器，所以总觉得有点对不上……

历史学家对出土的钟形杯进行研究后发现，该地域在古时候经常用这种杯子喝蜂蜜酒。烧杯君的小伙伴——烧瓶（flask）的名字其实也是源自拉丁语的酒瓶（*flasca*）一词。也许，烧杯和烧瓶原本都是盛装酒的容器。

虽然烧杯君们原本可能是用来装酒的，但在举办宴会的时候一定得注意，要用没有装过化学试剂的干净容器哦！

来吧，
液体！

容器小伙伴

各类烧瓶

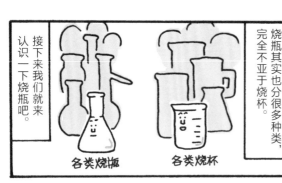

烧瓶其实也分很多种类，完全不亚于烧杯。

接下来我们就来认识一下烧瓶吧。

各类烧瓶　　各类烧杯

烧瓶（flask）来源于拉丁语的酒瓶（flasca）。

你自己知道吗？

哎，我还真不知道

首先，我们来介绍一下前面提过的三角烧瓶吧。

大家好，我是三角烧瓶。

三角烧瓶是由德国化学家理查·鄂伦麦尔发明的。

我想到了一个好东西！！

理查·鄂伦麦尔
（1825－1909）

三角烧瓶的瓶口很细，整体呈锥形，所以偶尔会用来代替三角烧杯君。

烧杯君就做不到这一点。

真好……

如果加个盖子还能保存液体。

这样不会挥发哦。

酸式滴定管君

要做酸碱中和滴定，麻烦你了。

OK!

沙

接着是圆底烧瓶弟弟。

拿起

大家好——

因为它的底部是球形的，而且玻璃很厚，所以耐热性能很好。

横截面

厚

球形
不易变形

感觉怎样？

但是，它要有底座君的帮助才能站着。

谢谢你！

不客气！…

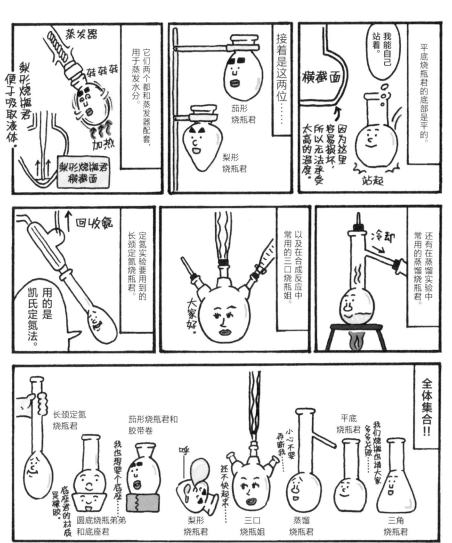

烧杯君笔记

▼ 有些烧瓶可以
自己站着，
但有些是不可以的。

瓶身大、瓶口小的烧瓶即使拿起来晃动，瓶内的液体也很难溅出来，同时灰尘也不易掉入瓶中，这是它们和烧杯最大的区别。但瓶口小既是它们的优点也是缺点。如果为烧瓶加盖时，拿了一个比瓶口小的橡皮塞，就很容易掉进去。如果这个橡皮塞比瓶口小得多倒还好办，取出难度不大。但通常会被误拿来盖瓶口的橡皮塞，一般与瓶口大小相差不大，所以一旦掉进去就很难拿出来。如果是烧杯的话就不担心这种事情。不过话说回来，又有谁会给烧杯塞橡皮塞呢？

三角烧瓶君

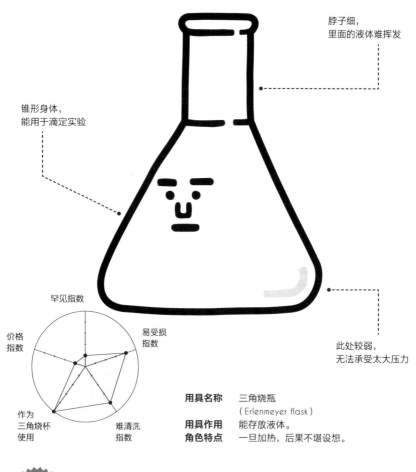

脖子细，
里面的液体难挥发

锥形身体，
能用于滴定实验

此处较弱，
无法承受太大压力

罕见指数

价格指数

易受损指数

作为三角烧杯使用

难清洗指数

用具名称 三角烧瓶
（Erlenmeyer flask）
用具作用 能存放液体。
角色特点 一旦加热，后果不堪设想。

实验伙伴

橡皮塞少年

软木塞君

烧瓶刷君

圆底烧瓶弟弟和底座君

底面（被底座君挡着）呈圆形，用于混合液体

橡胶材质

罕见指数

价格指数

易受损指数

可以用胶带圈代替（底座君）

难清洗指数

用具名称 圆底烧瓶、烧瓶底座
（round bottom flask, flask support）
用具作用 让液体相互混合并发生反应。
角色特点 没有底座君的支撑就站不起来。

　　绝大部分正规实验用具的诞生过程都不甚清晰，三角烧瓶是为数极少的例外。有明确历史记载表明，三角烧瓶是由德国的化学家兼药学家理查·鄂伦麦尔发明的，而且当时的设计原稿也保留了下来。

　　理查·鄂伦麦尔（Richard Erlenmeyer）发现了很多有机化学物质，他在1857年改良了传统烧瓶，向世人展示了三角烧瓶的原型。改良的目的，是借助玻璃容器制造业者来进行销售。因此，三角烧瓶的英文名称叫"鄂伦麦尔烧瓶"（Erlenmeyer flask）。不过，人们通常都直接叫作"三角烧瓶"或"锥形瓶"。我倒觉得英文名更酷，做实验时突然冒一句"鄂伦麦尔烧瓶"，说不定还挺帅的。

平底烧瓶君

用具名称	平底烧瓶 （flat bottom flask）
用具作用	让液体相互混合并发生 反应。
角色特点	成熟稳重。

可以低温加热

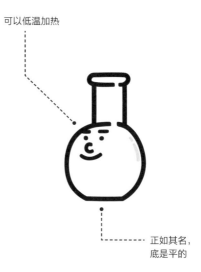

正如其名，
底是平的

茄形烧瓶君

用具名称	茄形烧瓶 （egg plant flask）
用具作用	旋转蒸发溶剂。
角色特点	心直口快。

圆滚滚的
茄形身体

香肠嘴

实验室

某个夜晚。

恐怖故事①

我给你们讲一个恐怖的故事吧……

这大概是一年前的事了……

好吓人啊

嗯

嗯？好热啊……

我睡着睡着，突然觉得很热。于是就睁开眼睛……

我从来没这么热过，想想觉得不对劲……

结果我往下面一看……

晔

我看到酒精灯君竟然在加热我！！

哎？！

烧

看到什么了……？？

紧张

紧张

敢抖

运气再差点，说不定我就碎成渣了！！想想就觉得可怕……

哎……？？

我们是可以加热的，所以完全不觉得可怕……

是啊！

梨形烧瓶君

用具名称 梨形烧瓶
（pear-sharped flask）

用具作用 能旋转蒸发溶剂。

角色特点 喜欢脑袋放空，独自
发呆。

三角形的眉毛
是他的特点。

底部造型有利
于吸取液体

早见指数

易受损
指数

价格
指数

可以用茄形
烧瓶代替

难清洗
指数

蒸馏烧瓶君

用具名称 蒸馏烧瓶
（distilling flask）

用具作用 分馏气体。

角色特点 不善于拒绝别人。

蒸汽通道

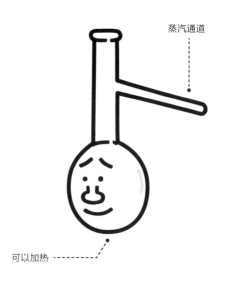

可以加热

早见指数

易受损
指数

价格
指数

易翻倒
指数

难清洗
指数

当液体中缺少气泡或杂质时，温度达到并超过了沸点也不会沸腾，就形成了过热液体。此时一点轻微的刺激也会导致液体发生剧烈的沸腾，这种现象就叫暴沸。沸石能有效防止暴沸，一般会选择凹凸不平的碎瓷片当作沸石。实验室也会常备碎瓷片，如果刚好用完了，可以找根玻璃管加热并将它拉长，揉成一团充当沸石。不过，自制沸石可能会让实验者沉迷其中，而忘记原本该做的实验（汗）。

顺带一提，虹吸式咖啡壶里的铁链也是为了防止液体暴沸。

烧杯君笔记

▼三角烧瓶不可加热，否则容易损坏。

▼加热液体的时候要记得放沸石。

三口烧瓶姐

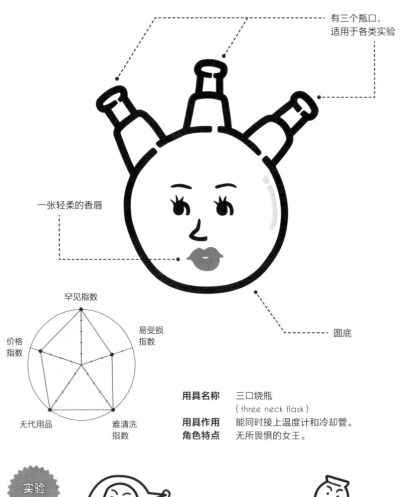

有三个瓶口，
适用于各类实验

一张轻柔的香唇

圆底

用具名称	三口烧瓶 (three neck flask)
用具作用	能同时接上温度计和冷却管。
角色特点	无所畏惧的女王。

早见指数

易受损
指数

价格
指数

无代用品

难清洗
指数

实验
伙伴

棒式温度计君

橡皮塞少年

滴液漏斗哥

长颈定氮烧瓶君

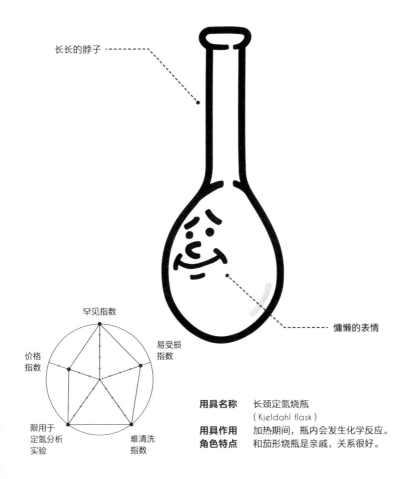

长长的脖子

慵懒的表情

罕见指数

易受损指数

价格指数

限用于定氮分析实验

难清洗指数

用具名称	长颈定氮烧瓶（Kjeldahl flask）
用具作用	加热期间，瓶内会发生化学反应。
角色特点	和茄形烧瓶是亲戚，关系很好。

　　烧瓶的造型都是瓶身大、瓶口小，用的时候可能没什么感觉，但这种造型的制作工艺却有很大难度。首先用金属管将加热溶解的玻璃放进模具中，然后吹进空气令其膨胀成型。鲷鱼烧是用模具夹出来的，烧瓶的做法与之类似。如果玻璃的量控制得好，就可以做出厚度均匀的烧瓶。

　　鉴于烧瓶的形状，其瓶身和瓶口的连接处会变得很脆弱（平底的烧瓶底边也很脆弱）。如果溶液装得太满，只是捏住瓶口的话烧瓶就很容易断裂。到时烧瓶掉在地上，玻璃和溶液四处飞溅，那场面就无法收拾了。

容器小伙伴

试管兄弟

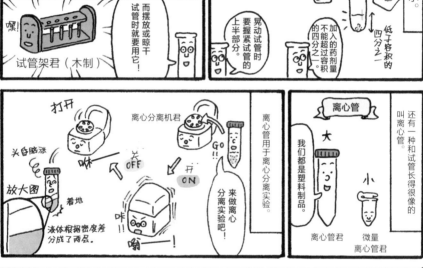

实验结束后用刷子清洗试管，经常会发生刺穿试管底部的情况。而玻璃棒和棒式温度计搭配试管使用时更加危险，因为它们不同于试管刷，是有一定重量的。如果手持玻璃棒或温度计在一个较高的位置上松手，就会直接击穿试管底部。如果是温度计的话，就会从破掉的试管底掉到地上摔碎。而水银温度计就更严重了，一旦摔碎，损失的不仅是金钱，还得用铜线擦一遍地面（吸收水银），做善后处理。

烧杯君笔记

▼小号的离心管君就是微量离心管君。

试管兄弟

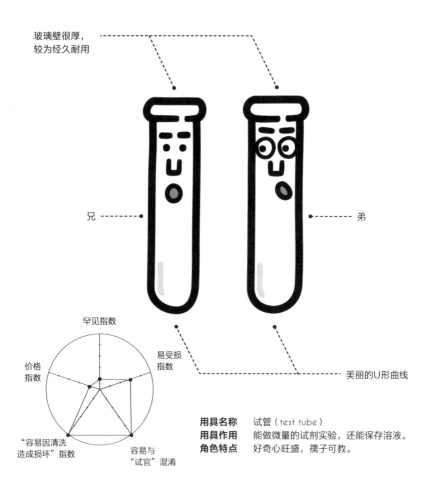

玻璃壁很厚，
较为经久耐用

兄

弟

罕见指数

价格指数

易受损指数

"容易因清洗造成损坏"指数

容易与"试官"混淆

美丽的U形曲线

用具名称 试管（test tube）
用具作用 能做微量的试剂实验，还能保存溶液。
角色特点 好奇心旺盛，孺子可教。

实验伙伴

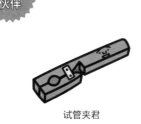

试管夹君　　　　　试管架君　　　　　试管刷君

试管夹君

用具名称 试管夹
（test tube clamp）

用具作用 夹取试管。

角色特点 貌似不可靠，但该出手时就会出手。

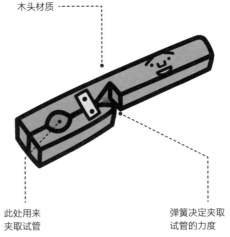

木头材质

此处用来夹取试管

弹簧决定夹取试管的力度

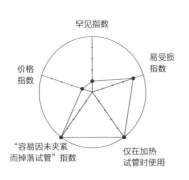

早见指数

易受损指数

价格指数

"容易因未夹紧而掉落试管"指数

仅在加热试管时使用

试管架君

用具名称 试管架
（test tube stand）

用具作用 存放试管。

角色特点 善于聆听，乐于倾听试管兄弟的诉说。

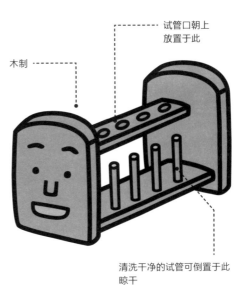

试管口朝上放置于此

木制

清洗干净的试管可倒置于此晾干

早见指数

易受损指数

价格指数

闲置时无处存放

易受污染指数

离心管君和微量离心管君

用具名称	离心管 （centrifuge tube）
用具作用	能装着液体在离心分离机中旋转。
角色特点	离心管君会向有困难的人伸出援手；微量离心管君十分乖巧。

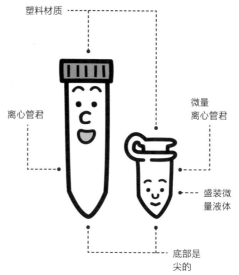

塑料材质

离心管君

微量离心管君

盛装微量液体

底部是尖的

早见指数

易受损指数

价格指数

日语名称容易混淆※

在离心分离机中转动时引人好奇

※ 日语中，离心管的两个名称"遠心管"和"遠沈管"读音相近。

离心分离机君

用具名称	离心分离机 （centrifuge separator）
用具作用	转动离心管，使不同密度的液体分层。
角色特点	平时都在睡觉，只有做实验时方才醒来。

盖子

此处插入离心管

机体坚固

早见指数

易受损指数

价格指数

必须在对称位置放入离心管

产生的向心力强度

Y形试管哥

用具名称　Y形试管
　　　　　　（forked test tube）
用具作用　能进行固液反应。
角色特点　与其名称相反，在恋爱
　　　　　　方面属于从一而终型。

优美的
倒Y形身体

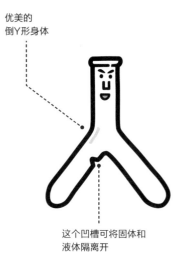

早见指数

易受损
指数

价格
指数

无法
立着
摆放

难清洗
指数

这个凹槽可将固体和
液体隔离开

培养皿男爵

用具名称　培养皿
　　　　　　（petri dish）
用具作用　培养微生物。
角色特点　男爵范儿的胡子使其
　　　　　　独具特色。

耐热玻璃制成，
能用于高温灭菌

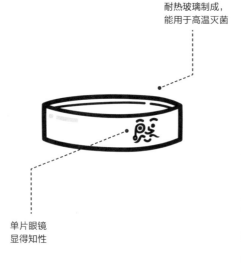

早见指数

易受损
指数

价格
指数

适用于各种
实验

名字
很酷

单片眼镜
显得知性

蒸发皿大叔

用具名称 蒸发皿
（evaporating dish）

用具作用 加热溶液，析出溶质。

角色特点 少言寡语，用背影说话。

瓷制品，耐热性能好

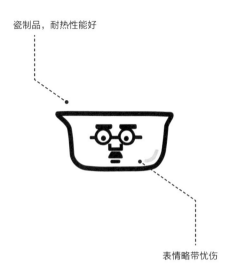

表情略带忧伤

表面皿妹妹

用具名称 表面皿
（watch glass）

用具作用 能析出少量晶体。

角色特点 性格活泼，积极好动。

皿口很宽，
便于观测内部

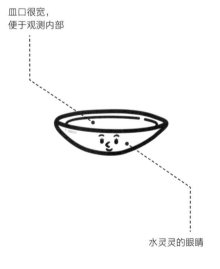

水灵灵的眼睛

试剂瓶君和试剂瓶盖君

用具名称 试剂瓶
（reagent bottle）

用具作用 保存试剂或溶液。

角色特点 一张大波浪唇，使其
魅力四射。

罕见指数

易受损
指数

价格
指数

瓶盖
容易卡死

和集气瓶
的相似度

广口瓶

瓶口内侧是
毛玻璃

瓶身上可以
贴标签，
注明内容物

侧面是
毛玻璃

集气瓶君和集气瓶盖君

用具名称 集气瓶
（gas collecting bottle）

用具作用 收集气体。

角色特点 与其搭配的集气瓶盖君
是冒失鬼，有时会盖到
试剂瓶上。

罕见指数

易受损
指数

价格
指数

在瓶内
点蜡烛，
瞬间就会
熄灭

和试剂瓶
的相似度

瓶口顶部是
毛玻璃

边缘是
毛玻璃

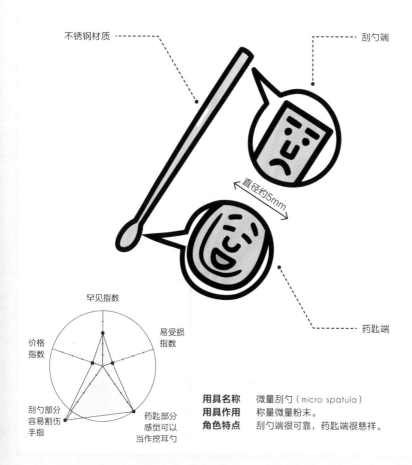

微量刮勺君

不锈钢材质

刮勺端

直径约5mm

药匙端

早见指数

易受损
指数

价格
指数

刮勺部分
容易割伤
手指

药匙部分
感觉可以
当作挖耳勺

用具名称　微量刮勺（micro spatula）
用具作用　称量微量粉末。
角色特点　刮勺端很可靠，药匙端很慈祥。

　　试剂瓶和集气瓶都是广口瓶，外形基本相同，因此从轮廓上难以区分。区分要点在角色表上有说明，即看瓶口毛玻璃的位置。

　　集气瓶顶部全是毛玻璃，因此可以适配任何扁平的盖子（单面毛玻璃）。试剂瓶则不同，它的瓶口内侧是毛玻璃，如果盖子不合适就会盖不严实，或者被卡死打不开（到时只能砸开了……哭）。

　　不知是否因为这个，最近人们开始转用塑料试剂瓶了，导致之前买来的玻璃试剂瓶只好被束之高阁。

容器小伙伴

盖子

烧杯口比较大，盛放挥发性液体时会加速其挥发，如果盛放其他液体，杂质又容易混进去。为了防止以上情况发生，很多人会加盖封口膜、保鲜膜、铝箔纸、烧杯专用盖。

有个经验值得推荐——选择马克杯的硅胶盖，既有遮盖型的，也有防止液体流出的密封型。但最大的盖子也只能盖住300毫升的烧杯，再大的尺寸就要买专用的盖子了。

烧杯君笔记

▼ 请善待盖子。

玻璃塞君

用具名称　玻璃塞
　　　　　　（stopper）
用具作用　能密封瓶口经磨砂处理
　　　　　　的容器。
角色特点　在盖子会谈上担任
　　　　　　主持人。

特点是
两头粗中间细

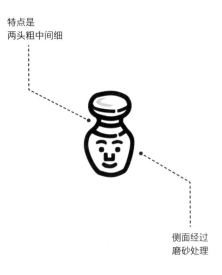

侧面经过
磨砂处理

硅胶塞妹妹

用具名称　硅胶塞
　　　　　　（silicone rubber stopper）
用具作用　能密封细瓶口的容器。
角色特点　快言快语，有抱怨也直
　　　　　　言不讳。

硅胶制

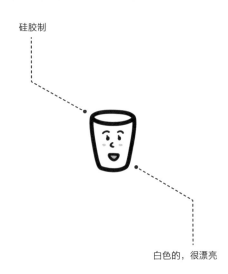

白色的，很漂亮

橡皮塞少年

用具名称 橡皮塞
（rubber stopper）

用具作用 能密封瓶口较小的
容器。

角色特点 贪图玩乐，但内心
善良。

太阳镜是
它的标配

天然橡胶材质

早见指数
易受损
指数
价格
指数
弹出去时
非常危险
插玻璃管时
很难打孔

软木塞君

用具名称 软木塞
（cork stopper）

用具作用 能密封瓶口较小的
容器。

角色特点 为伙伴着想，心地
善良。

三角形的鼻子
是它的特点

软木材质

早见指数
易受损
指数
价格
指数
弹出去时
非常危险
插玻璃管时
很难打孔

路易斯·巴斯德
与鹅颈烧瓶

　　说到烧瓶界的天王巨星，非"鹅颈烧瓶"莫属。它是法国生物学家、化学家、微生物学家路易斯·巴斯德在19世纪中叶为了进行某个著名实验而设计的玻璃容器。它的瓶颈经过加热拉伸成横向的"S"，形似鹅颈。

　　在做这个实验之前，当时有一种观点认为，微生物是在含有营养的溶液中，由非生命物质自然演变而成的。巴斯德对此观点持反对意见，他把装有肉汁的烧瓶加工成鹅颈烧瓶，煮沸杀菌后静观其变。经过很长时间，鹅颈烧瓶内的肉汁都没有腐败变质。后来，巴斯德打碎瓶颈，或把肉汁倒流到瓶口处后又倒回去，结果肉汁很快就腐败变质了。于是得出结论，空气中的灰尘才是微生物的"发源地"——巴斯德在1861年发表的论文"对自然发生论的探讨"中阐述了他的这一论点。

　　支持自然发生论的学者发现，干草提取液经过鹅颈烧瓶灭菌后仍然会腐败，他们便以此反驳巴斯德。但后来研究表明，这只是因为部分微生物的耐热性比较强。就这样，以巴斯德的实验为开端，人类对微生物和细菌的研究取得了振奋人心的发展。

　　"鹅颈烧瓶实验"实际操作起来是非常难的。虽然实验本身并不复杂，但要把烧瓶的瓶颈成功加工成鹅颈形却非易事。因为现代烧瓶的瓶颈都很薄，加热拉伸的时候很容易折断。所以，实验室经常会出现很多装着溶液的烧瓶尸体。其实，只要把玻璃管弄成S形，然后在橡皮塞上打孔插到烧瓶上就可以了（汗）。

鹅颈烧瓶

CHAPTER

3

你们知道什么是
凹凸透镜吗?

称量用具小伙伴

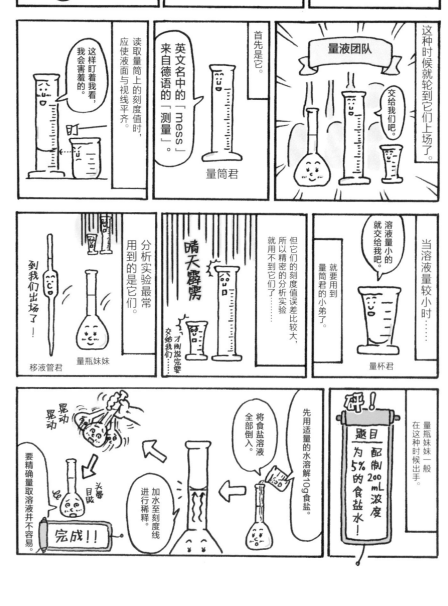

移液管君身上也有刻度线。

刻度线

我比较擅长量取定量的溶液。

此外还有其他滴管君。

我是在东京的驹込医院诞生的。

吸量管君

一球滴管君
※日语名为驹込移液管（驹込ピペット）

而说到滴管自然少不了……

我们都是橡胶制品。

它们的帮助。

滴管胶帽君

安全胶帽君

称量用具小伙伴

滴管君都是靠它们来吸取液体的。

喝啊啊

加油

吸

哦

量液

在中和滴定实验中必不可少的酸式滴定管君，也是量液团队中的成员。

我的介绍会不会太短了?!

量液团队全体集合！

酸式滴定管君

一球滴管君

移液管君

吸量管君

我不能精确量取溶液.

我能准确量取溶液.

三角烧杯君，你在哪儿？

量筒君

我移液易被碰倒，罢小心。

微好力所能及的事

滴管胶帽君

安全胶帽君

量杯君

量瓶妹妹

烧杯君笔记

▼一球滴管君诞生在东京。

第一次使用移液管，要用嘴把溶液吸进移液管里时，真的是不知所措——如果溶液是有挥发性或有毒的话该怎么办（这种时候肯定是不能用嘴吸的）？经过这件事后，我才了解安全胶帽为什么"安全"了。但是，安全胶帽也并非没有缺点。如果吸的时候太用力，溶液就会被吸到胶帽里出不来。如果是水的话还能烘干，但如果是溶液的话，就无计可施了。

量筒君

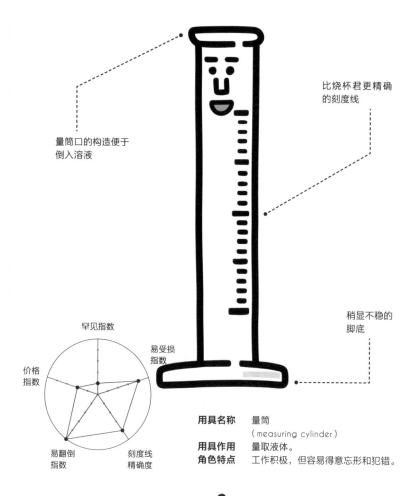

量筒口的构造便于
倒入溶液

比烧杯君更精确
的刻度线

稍显不稳的
脚底

早见指数

易受损
指数

价格
指数

易翻倒
指数

刻度线
精确度

用具名称　量筒
　　　　　　（measuring cylinder）

用具作用　量取液体。

角色特点　工作积极，但容易得意忘形和犯错。

实验
伙伴

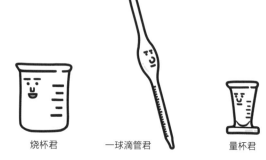

烧杯君　　　　　　一球滴管君　　　　　　量杯君

量杯君

用具名称　量杯
　　　　　　（measuring glass）
用具作用　量取少量溶液。
角色特点　如同量筒君的弟弟。

杯口的构造便于
倒入溶液

和量筒君一样，
刻度线比烧杯君精确

易受损
指数

价格
指数

罕见指数

易翻倒
指数

刻度线
精确度

量瓶妹妹

用具名称　量瓶
　　　　　　（measuring flask）
用具作用　配制特定浓度的溶液。
角色特点　是个喜欢可爱玩意儿的
　　　　　　小姑娘。

容积
刻度线

长长的
瓶颈

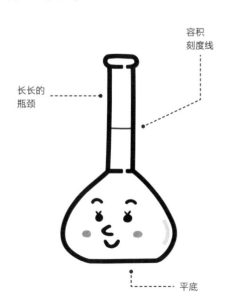

平底

罕见指数

价格
指数

易受损
指数

刻度线
精确度

难清洗
指数

安全胶帽君

用具名称 安全胶帽
（safety pipeter）

用具作用 能吸取液体并排出。

角色特点 是个乐天派，不害怕失败。

天然橡胶材质

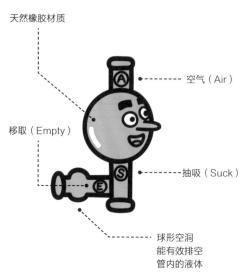

空气（Air）

移取（Empty）

抽吸（Suck）

球形空洞
能有效排空
管内的液体

早见指数

易受损指数

价格指数

溶液流进胶帽后的麻烦指数

一次性吸取的溶液量

滴管胶帽君

用具名称 滴管胶帽
（pipette cap）

用具作用 能帮助滴管吸取液体。

角色特点 很倾慕安全胶帽君。

身体像
章鱼头

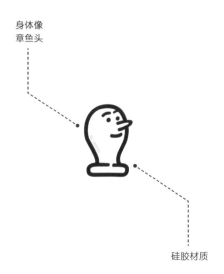

硅胶材质

早见指数

易受损指数

价格指数

耐压指数

一次性吸取的溶液量

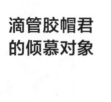

滴管胶帽君的倾慕对象

烧杯君笔记

▼
滴管胶帽君
即使被压扁了
也能恢复原状。

吸量管君

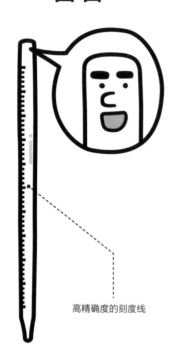

高精确度的刻度线

用具名称 吸量管（measuring pipette）
用具作用 量取液体。
角色特点 脸小声音大，是个很有朝气的少年。

早见指数

易受损指数

价格指数

刻度线精确度

易滚动指数

移液管君

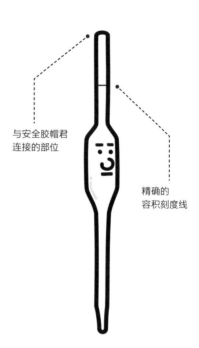

与安全胶帽君连接的部位

精确的容积刻度线

用具名称 移液管（whole pipette）
用具作用 精确量取一定量的液体。
角色特点 和安全胶帽君是搭档。

早见指数

易受损指数

价格指数

量取溶液的精确度

不可加热干燥度

酸式
滴定管君

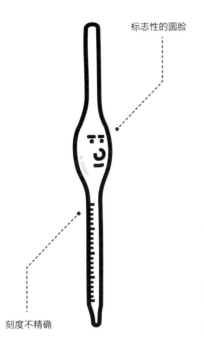

一球
滴管君

高精度的刻度线

标志性的圆脸

细长的
尖嘴

用具名称　酸式滴定管
　　　　　　（burette）
用具作用　准确滴出定量的液体。
角色特点　搭档是三角烧杯君。

刻度不精确

用具名称　一球滴管
　　　　　　（驹込ピペット）
用具作用　吸取溶液，不求精准。
角色特点　搭档是滴管胶帽君。

罕见指数

价格
指数

易受损
指数

难保管
指数

刻度线
精确度

罕见指数

价格
指数

易受损
指数

保存和使用
的随意性指数

刻度线
精确度

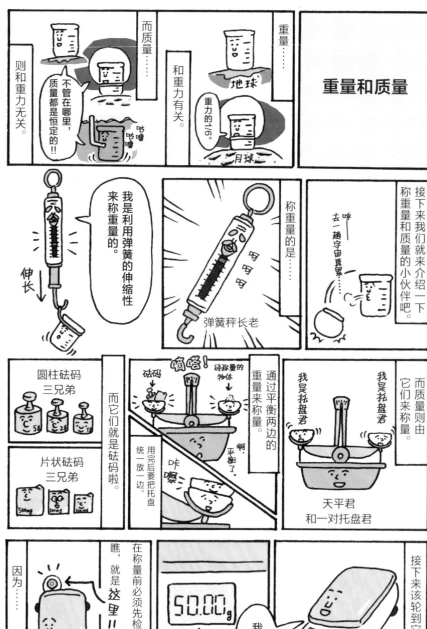

重量和质量

重量……

和重力有关。

重量……

重力的1/6。

地球

月球

而质量……

不管在哪里，质量都是恒定的!!

则和重力无关。

接下来我们就来介绍一下称重量和质量的小伙伴吧。

去一趟宇宙真累……

呼——

称重量的是……

弹簧秤长老

我是利用弹簧的伸缩性来称重量的。

伸长

而质量则由它们来称量。

我是托盘君

我是托盘君

天平君和一对托盘君

通过平衡两边的重量来称量。

滴答！

砝码

待称量的物体

啊，平衡了。

用完后要把托盘统一放一边。

咔嚓

而它们就是砝码啦。

圆柱砝码三兄弟

5g 2g 1g

片状砝码三兄弟

500mg 200mg 100mg

接下来该轮到它了。

我是电子哦。

电子秤君

在称量前必须先检查一个部位！

瞧，就是这里!!

因为……

呼！

50.00g

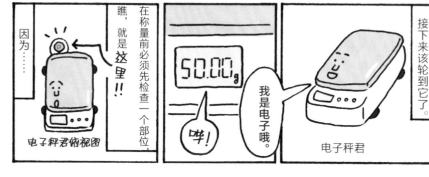

电子秤君俯视图

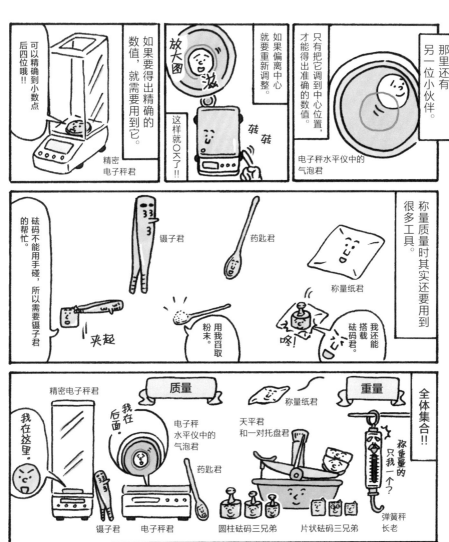

好久没用过天平秤了，可就在想拿出来用的时候，却发现和天平收在一起的砝码不见了！这种时候真的很伤脑筋。不过1日元的硬币重量相当于1g，如果不需要精确到mg的话可以用硬币代替。如果非要精确到0.1g的话，就先称出1g的厚纸条，然后平均分成四份，这样一来就能得到0.25g的砝码了。以此类推，拿一条薄一点的纸条称出0.25g，然后均分……原则上是可以得到更小的砝码的，但精确度就不敢保证了。

烧杯君笔记

▼水平仪中的气泡君，必须调到中心位置，才能得出准确的数值哦！

天平君和一对托盘君

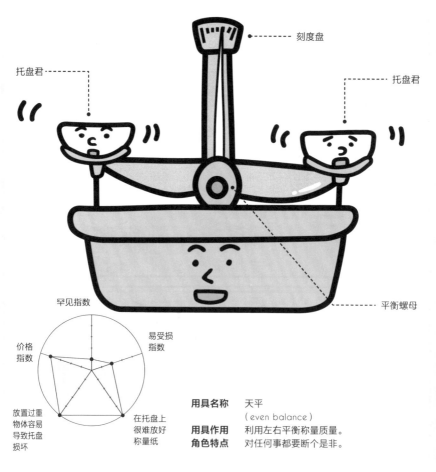

刻度盘

托盘君

托盘君

平衡螺母

罕见指数

价格指数

易受损指数

放置过重物体容易导致托盘损坏

在托盘上很难放好称量纸

用具名称 天平
（even balance）

用具作用 利用左右平衡称量质量。

角色特点 对任何事都要断个是非。

实验伙伴

圆柱砝码三兄弟

片状砝码三兄弟

圆柱砝码三兄弟

用具名称	圆柱砝码 （cylindrical weight）
用具作用	能用于称量质量。
角色特点	三兄弟感情很好。

这部位用镊子
夹会很容易。

金属材质

大哥　　　　二哥　　　　小弟

罕见指数

易受损
指数

价格
指数

不能
直接
用手拿

使用镊子
容易夹取

片状砝码三兄弟

用具名称	片状砝码 （plate weight）
用具作用	能用于称量质量。
角色特点	是圆柱砝码三兄弟的 亲戚。

此处折弯的设计，
便于镊子夹取

金属材质

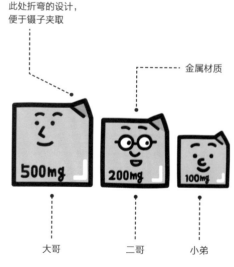

大哥　　　　二哥　　　　小弟

罕见指数

易受损
指数

价格
指数

不能
直接
用手拿

使用镊子
容易夹取

电子秤君

用具名称 电子秤
（electronic force
balance）

用具作用 能称量质量。

角色特点 水平仪中的气泡君很难
调好。

气泡君就在背后的
水平仪里

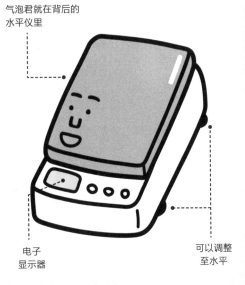

早见指数

易受损
指数

价格
指数

必须定期
检查

容易忘记
归零

电子
显示器

可以调整
至水平

精密电子秤君

用具名称 精密电子秤
（precision electronic
force balance）

用具作用 能更精确地称量物体
质量。

角色特点 注重细节，但对自己犯
的错却很宽容。

防风罩可以
减少误差

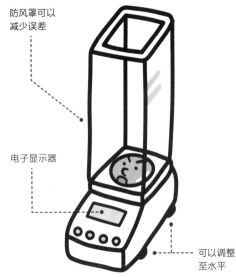

早见指数

易受损
指数

价格
指数

电子显示器

必须定期
检查

容易忘记
归零

可以调整
至水平

电子秤 水平仪中的气泡君

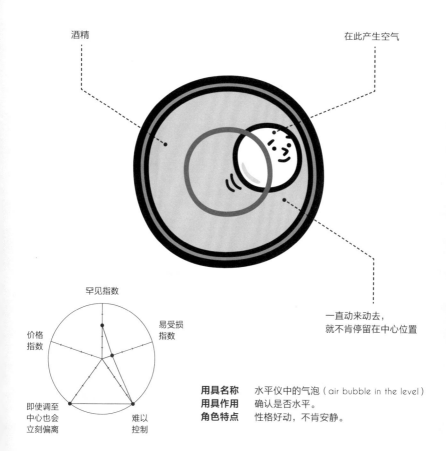

酒精

在此产生空气

罕见指数

易受损指数

价格指数

即使调至中心也会立刻偏离

难以控制

一直动来动去，就不肯停留在中心位置

用具名称	水平仪中的气泡（air bubble in the level）
用具作用	确认是否水平。
角色特点	性格好动，不肯安静。

　　天平和电子秤的校正砝码上半部分圆溜溜的，甚是可爱，引得人忍不住想要用手去拿。这时候，实验室的前辈就会暴跳如雷，冲你怒吼："绝对不能碰！"

　　我们手上的油脂和水分不仅会增加砝码的重量，还会让砝码生锈。所以必须用镊子夹取砝码来使用。砝码盒里配有一个专用的镊子（不过很容易弄丢……汗）。这个镊子也不能夹取其他东西，因为被弄脏的镊子会污染砝码。

　　另外，1g以下的都是四四方方的片状砝码。每个片状砝码都有一个角是折弯的，方便用镊子夹取。

弹簧秤长老

用具名称 弹簧秤
（spring balance）

用具作用 通过弹簧的伸缩来称量
物体重量。

角色特点 喜欢"呵呵呵"地笑。

布满皱纹的额头
颇具长老气质

用来钩住
物体

粗重的眉毛

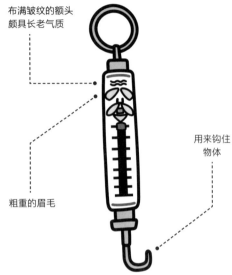

镊子君

用具名称 镊子
（tweezers）

用具作用 将细小的东西挑出来或
夹起。

角色特点 沉默寡言，对交办的事
忠实地负责到底。

惺忪的睡眼

不锈钢材质

防滑设计

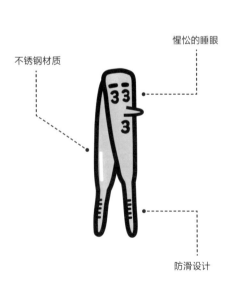

药匙君

用具名称 药匙
（dispensing spoon）

用具作用 舀取粉末等固体物质。

角色特点 不畏困难，锲而不舍，努力到底。

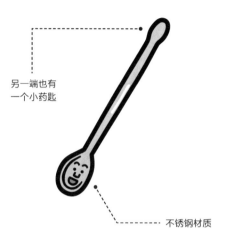

另一端也有一个小药匙

不锈钢材质

称量纸君

用具名称 称量纸
（powder paper）

用具作用 盛装粉末。

角色特点 对压在它脸上的任何东西都不介意，也许有点受虐倾向。

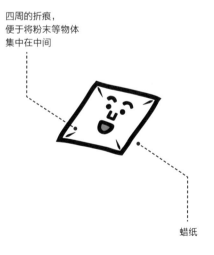

四周的折痕，便于将粉末等物体集中在中间

蜡纸

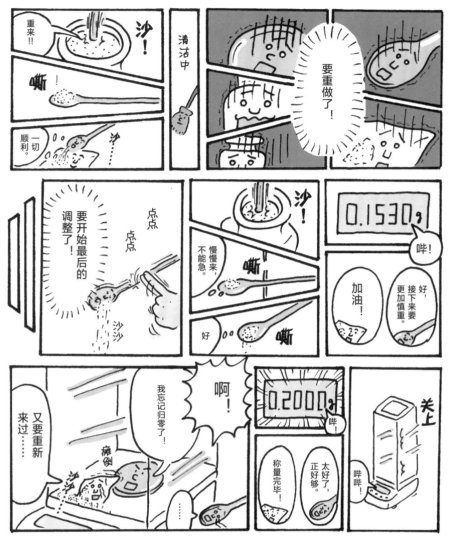

虽然电子秤很方便，但还是天平更衬实验室的氛围（大家就不要问为什么了）。其实天平也是要归零的，把两边的托盘放好后，左右旋动几次两头的螺母，直至刻度盘的指针指向零。这种机械式天平的特点就是够直观（手动操作时代的人表示很感动）。还有，其实天平两端的托盘怎么放是有规定的，托盘背面写着一个号码，对应着正确的摆放位置。

烧杯君笔记

▼ 称量前务必记得归零。

科学实验的名人

历史上有很多借助烧杯君等实验器材被人熟识的伟大先驱。在此我们撷取部分来向大家做介绍。

○伽利略·伽利雷

（Galileo Galilei：1564～1642）

说起科学实验，相信大家首先会联想起这位"科学之父"。他最著名的实验就是"比萨斜塔实验"。据说当时他站在斜塔顶端，将一轻一重两个球同时抛下，从而发现了自由落体定律——物体下落的速度与自身的重量无关，而是按照一定的加速度加速。

○艾萨克·牛顿

（Isaac Newton：1643～1727）

发现"万有引力定律"的牛顿可以说比伽利略更有名，他是迄今为止在力学研究领域最有影响的科学家。不过牛顿也曾做过很多不太为人所知的实验，例如将棱镜对着太阳光所做的"棱镜色散实验"，以及用一根长针插进眼球，试图验证眼球可否分散所看到的颜色（一定很痛！不要尝试！）等。只是，他和伟大的实验家罗伯特·胡克生于同一时代，且都隶属英国皇家科学院，所以牛顿留给人的印象更偏向于理论派。

○安托万－洛朗·德·拉瓦锡

（Antoine-Laurent de Lavoisier：1743～1794）

安托万是被誉为"现代化学之父"的化学实验家。他利用光线引燃密封在玻璃容器内的物质，观察物质燃烧前后的质量变化，结果发现了"质量守恒定律"，从而名扬天下。但因他曾任税务官而在法国大革命时期被送上了断头台，是他的妻子兼助手玛丽将他的实验详细记录下来，才使得他的功绩流传后世。妻子的功劳啊！

○罗杰·培根

（Roger Bacon：1214～1293）

17世纪的科学革命时期，近代科学理论较为发达。而在此前的四百多年，罗杰·培根就做了多个以观察为主的科学实验，获得了"奇异博士（Doctor Mirabilis）"的别号，还被誉为近代科学的先驱。不过他本人并不热衷于公开自己的发现，多亏当时的教皇规劝他不必顾及宗教的禁令，他才完成了伟大著作。但那位教皇死后，他立刻被定罪，并遭受了十年的牢狱之灾。

○詹姆斯·普雷斯科特·焦耳
（James Prescott Joule：1818～1889）

焦耳原本只是一名普通的实业家，但他却热爱实验，还因"焦耳定律"的发现而在科学史上留下了自己的名字。他改造了自己的家用来做实验，并在学会上发表了自己的实验结果，但因他当时籍籍无名而无人理会。后来他得到了威廉·汤姆森（开尔文勋爵）的认可，一同进行实验，共同奠定了近代热力学的基础。一个较为有名的实验就是在量热器里装上水，并安装上带叶片的转轮让其转动，借此准确计算出了水的内能变化。

○伊凡·彼德罗维奇·巴甫洛夫
（Ivan Petrovich Pavlov：1849～1936）

一听到"条件反射"这个词，估计很多人会不假思索地说出"巴甫洛夫的狗"（即条件反射），这个实验的知名程度由此可见一斑。这个实验的过程大概是，每次给狗吃肉之前总是按铃，久而久之，每次狗听到铃声就会流口水。除此之外，巴甫洛夫在神经活动和大脑的研究上也取得了巨大的成果，被誉为"生理学无冕之王"。他和做实验的狗合拍的照片也保存了下来，他一定很喜欢这只狗吧。

○斯坦利·劳埃德·米勒
（Stanley Lloyd Miller：1930～2007）
哈罗德·克莱顿·尤列
（Harold Clayton Urey：1893～1981）

当时还是芝加哥大学研究生的米勒，在尤列的实验室里进行了"米勒－尤列实验"。这一实验奠定了生物史上一块伟大的里程碑。二人在长颈烧瓶里加入水、氨气和甲烷等化学物质，对其释放电火花加以刺激，最终竟然成功将无机物转变成了有机物——氨基酸（生命的起源）。他们借此验证出，在原始地球上，海洋也可能是受到闪电的刺激而孕育出生命的。这就是化学演化的假说。

○欧内斯特·卢瑟福
（Ernest Rutherford：1871～1937）

卢瑟福被誉为"原子核物理学之父"，和迈克尔·法拉第合称物理学双雄，是一位非常伟大的实验物理学家。其中较有名的实验，是用 α 粒子轰击薄金箔的" α 粒子散射实验（盖革－马斯登实验）"。这个实验之所以没有以卢瑟福的名字冠名，是因为实际进行实验的是他的两个学生。卢瑟福的厉害之处在于，他根据这个实验的结果推导出了新的原子构造（至今仍在使用）。如今， α 粒子的散射也被称作"卢瑟福散射"。

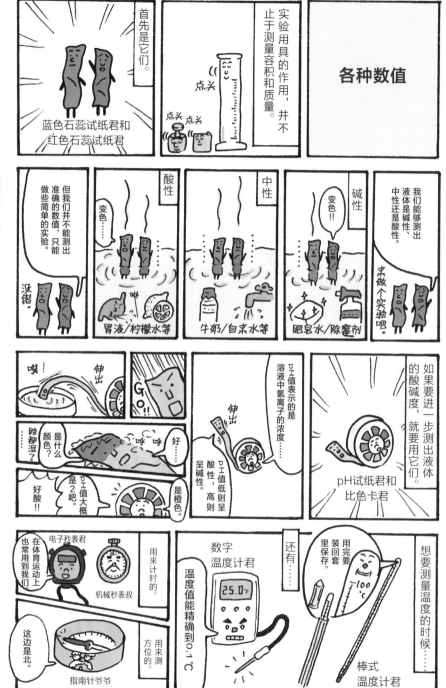

百叶箱起源于19世纪中叶的英国。人们可能以为它只是一个放置温度计和气压计的普通箱子。百叶式的构造，在通风很好的室外能有效地阻隔温度的变化。而且为了确保测量的准确性，百叶箱在室外的设置点一般都要高出草坪1.2～1.5米。但自从自动监测器普及之后，气象局就不再用百叶箱进行监测了，它现在也就只能窝在中小学校园的一隅，静静地度过余生。

烧杯君笔记

▼
百叶箱老大里面放着很多东西。

蓝色石蕊试纸君和红色石蕊试纸君

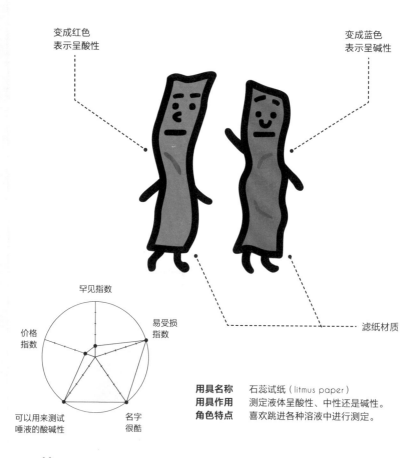

变成红色
表示呈酸性

变成蓝色
表示呈碱性

滤纸材质

早见指数

易受损
指数

价格
指数

可以用来测试
唾液的酸碱性

名字
很酷

用具名称　石蕊试纸（litmus paper）
用具作用　测定液体呈酸性、中性还是碱性。
角色特点　喜欢跳进各种溶液中进行测定。

实验
伙伴

烧杯君
（各种液体）

pH试纸君和
比色卡君

pH试纸君和比色卡君

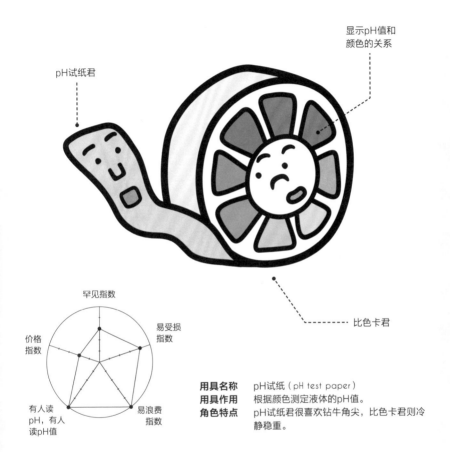

pH试纸君

显示pH值和
颜色的关系

比色卡君

早见指数

价格
指数

易受损
指数

有人读
pH，有人
读pH值

易浪费
指数

用具名称 pH试纸（pH test paper）
用具作用 根据颜色测定液体的pH值。
角色特点 pH试纸君很喜欢钻牛角尖，比色卡君则冷
静稳重。

　　石蕊试纸可以说是pH测试纸的典型代表，我们上化学课时都用过。原以为用来给试纸染色的是人工制造的试剂，但其实是从某种地衣植物里提取的色素（这不还是化学药剂嘛）。而且发现这种色素的竟然还是14世纪的一个西班牙炼金术师（精确度高的pH试纸是用人工色素染成的）。

　　因为石蕊试纸是生物色素染成的，所以长时间不用就会失效，但也要看保存是否得当。一般来说保质期大概有三年。如果放在高温多湿，有阳光直射的环境中，会老化得更快（其他pH试纸也一样）。所以，趁它还没坏就快快享用吧（不是叫你吃哦）。

棒式温度计君

用具名称　棒形温度计
（etched-stem
type thermometer）

用具作用　测量温度。

角色特点　说关西方言。

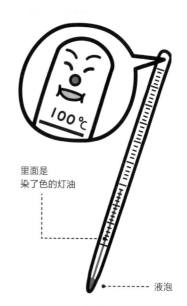

罕见指数

价格
指数

易受损
指数

不能用来
搅拌液体

易滚动
指数

里面是
染了色的灯油

液泡

数字温度计君

用具名称　数字温度计
（digital thermometer）

用具作用　测量温度，在数字显示
屏上显示。

角色特点　面相奸恶，但心地很
善良。

数字
显示屏

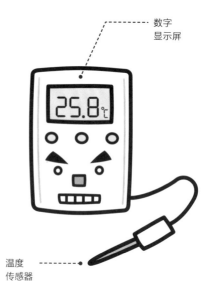

罕见指数

价格
指数

易受损
指数

想把
探测棒
插在地上

易测量
指数

温度
传感器

百叶箱老大

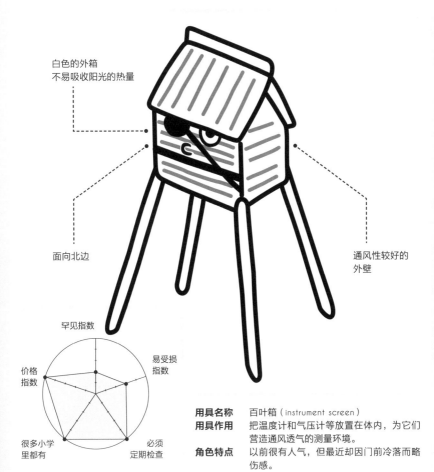

白色的外箱
不易吸收阳光的热量

面向北边

通风性较好的
外壁

罕见指数

易受损
指数

价格
指数

很多小学
里都有

必须
定期检查

用具名称 百叶箱（instrument screen）
用具作用 把温度计和气压计等放置在体内，为它们
营造通风透气的测量环境。
角色特点 以前很有人气，但最近却因门前冷落而略
伤感。

实验
伙伴

气压计君

干湿计君

分光光度计君

用具名称 紫外可见分光光度计
（ultraviolet-visible
spectrophotometric）

用具作用 对液体施加光照，以测
定液体的性质。

角色特点 喜欢说深奥的话。

罕见指数

价格指数

易受损指数

最好定期检查

不能晃动

打开这个盖子，
把样品放进去

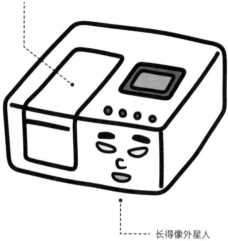

长得像外星人

石英比色皿君

用具名称 石英比色皿
（quartz cell）

用具作用 将液体倒入其中，再装
入分光光度计。

角色特点 总是笑容满面，和石英
烧杯君是好朋友。

罕见指数

价格指数

易受损指数

透明的部分不能直接用手去摸

不能用超声波清洗

石英玻璃材质

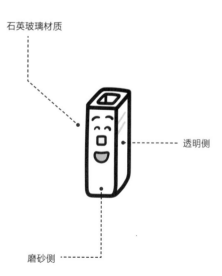

透明侧

磨砂侧

指南针爷爷

用具名称 指南针
（compass）

用具作用 指出南北方。

角色特点 经常和别人谈心，不仅能告知方位，在人生的道路上也能给人指点迷津。

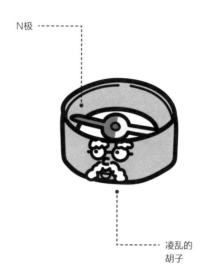

N极

凌乱的胡子

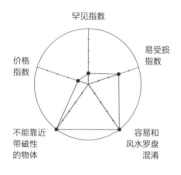

罕见指数

价格指数

易受损指数

不能靠近带磁性的物体

容易和风水罗盘混淆

电子秒表君和机械秒表叔

用具名称 秒表
（stop watch）

用具作用 精确测算经过了多长时间。

角色特点 稳重的少年，和守护在身边的大叔。

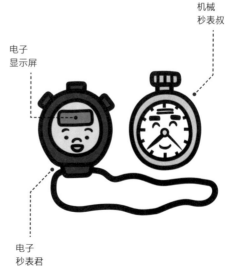

机械秒表叔

电子显示屏

电子秒表君

罕见指数

价格指数（机械秒表）

易受损指数

适用于体育比赛

不能沾水

如何测量高温？

　　一般棒式温度计又叫"酒精温度计"，但里面装的并不是酒精，而是被染成红色的灯油。因为酒精的沸点在70℃左右，即使加压升高沸点也未必能达到100℃。不过温度计所用灯油的沸点也低于200℃，所以测量高温一般会使用水银温度计。其实最早被用来测量温度的就是水银（1714年加布里埃尔·华伦海特研制，酒精温度计由列奥米尔于1730年研制）。

　　那么，高于水银沸点（约357℃）的温度又该如何测量呢？方法之一是电气测温。例如热电偶测温，用两种不同的金属组成闭合回路，然后测量连结点产生的热电流（利用温度差产生的电流，塞贝克效应）推测其温度。方法之二是热电阻测温。因为金属的电阻会随温度变化而变化，所以用铂等金属通电，就能从电阻推测出温度。

　　方法之三，是将红外线或可见光的能量转换成温度，例如辐射温度计。最近就连体温计和小型温度计都开始应用到这种技术了。它的特点是，可以在不触碰物体的情况下，测出远处物体的温度。但一些廉价的辐射温度计很容易将目标弄错，有时想测溶液的温度，却测成了手指的温度。

　　另外，我听那些在制铁厂工作的人说，一些经验丰富的老手能从铁的颜色推测出其温度，不过也只能精确到几十摄氏度。

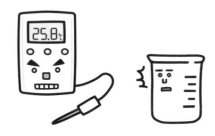

CHAPTER

我写成汉字
是"漏斗"。

移液小伙伴和
清洁小伙伴

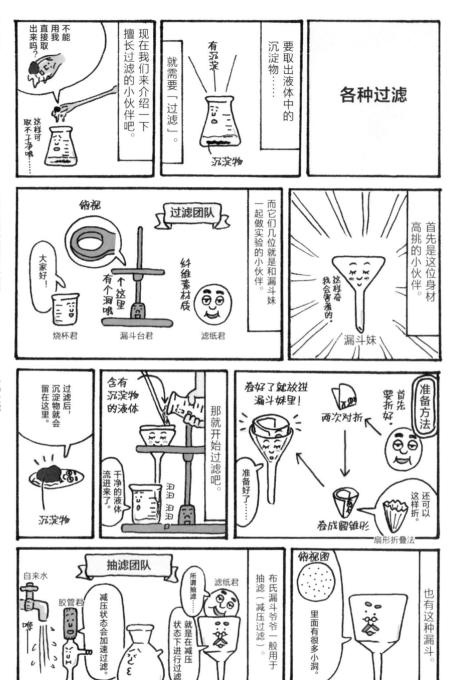

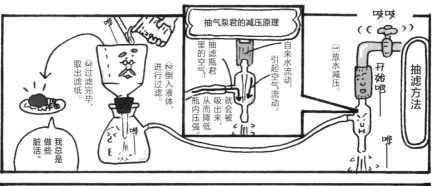

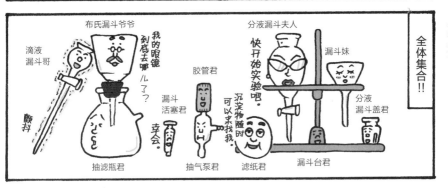

我们经常直到要开始做过滤实验时，才因发现滤纸已用完而不知所措（这可就头疼了）。有些人可能会就地取材，用咖啡过滤器来代替……先不说过滤工作对精确度的要求，做实验时最好不要用其他东西来代替滤纸。滤纸乍看之下只是一张普通的纸，但它的滤孔做得小且均匀，是高新科技的结晶。此外，做实验的时候如果操之过急便容易捅破滤纸，让含有杂质的液体流进烧杯里，使实验毁于一旦，实际上这种情况的确时有发生（果真如此就头大了）。

烧杯君笔记

▼ 分液漏斗盖君身上有个凹槽。

漏斗妹

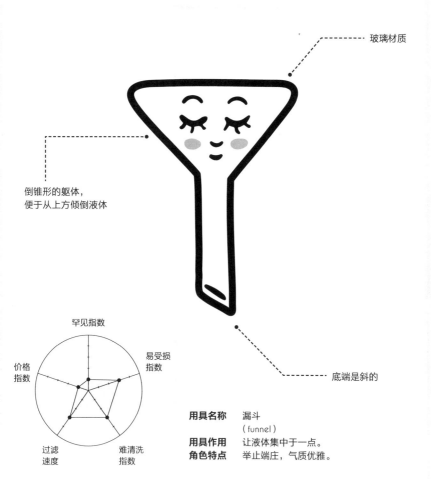

玻璃材质

倒锥形的躯体，
便于从上方倾倒液体

底端是斜的

罕见指数

易受损
指数

价格
指数

过滤
速度

难清洗
指数

用具名称　漏斗
　　　　　　（funnel）
用具作用　让液体集中于一点。
角色特点　举止端庄，气质优雅。

实验
伙伴

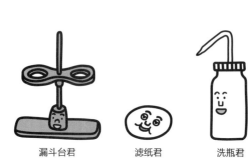

漏斗台君　　　　滤纸君　　　　洗瓶君

漏斗台君

用具名称 漏斗台
（funnel stand）

用具作用 把漏斗固定在洞里。

角色特点 比较浅虑。

这两个洞用于
固定漏斗

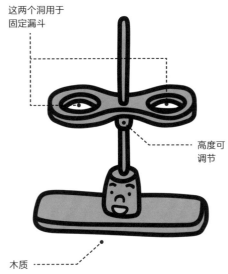

高度可
调节

罕见指数

价格
指数

易受损
指数

闲置时
无处存放

过滤时
所起的作用

木质

滤纸君

用具名称 滤纸
（filter paper）

用具作用 分离去除溶液中的
杂质。

角色特点 脸经常被沉淀物弄脏，
但他为自己的工作感到
自豪。

身上有很多
微型小洞

纤维材质

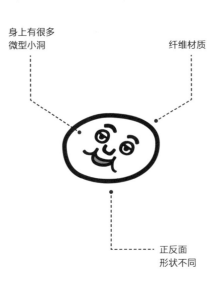

罕见指数

价格
指数

易受损
指数

过滤时
容易被
捅破

正圆度

正反面
形状不同

分液漏斗夫人和分液漏斗盖君

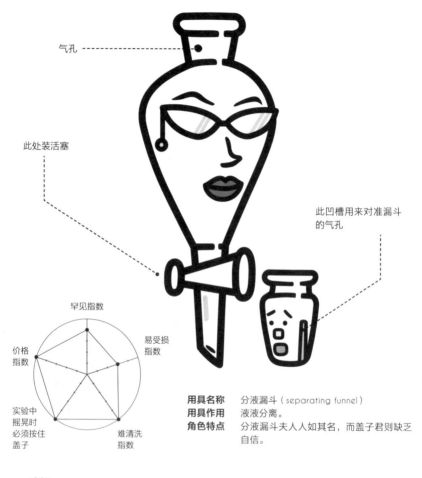

气孔 ----------

此处装活塞 ----------

此凹槽用来对准漏斗的气孔

早见指数

价格指数

易受损指数

实验中摇晃时必须按住盖子

难清洗指数

用具名称 分液漏斗（separating funnel）
用具作用 液液分离。
角色特点 分液漏斗夫人人如其名，而盖子君则缺乏自信。

实验伙伴

漏斗台君

漏斗活塞君

滴液漏斗哥

用具名称 滴液漏斗
（dropping funnel）

用具作用 慢慢滴取液体。

角色特点 脚踏实地。

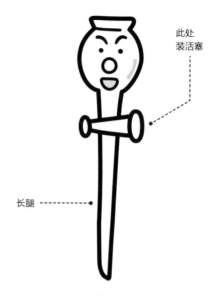

此处
装活塞

长腿

漏斗活塞君

用具名称 漏斗活塞
（stopcock）

用具作用 调节滴液漏斗和分液漏
斗的溶液滴取量。

角色特点 有个坏习惯，一有事就
马上逃。

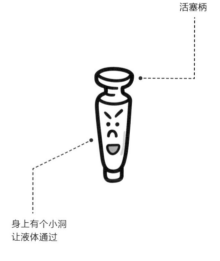

活塞柄

身上有个小洞
让液体通过

布氏漏斗爷爷

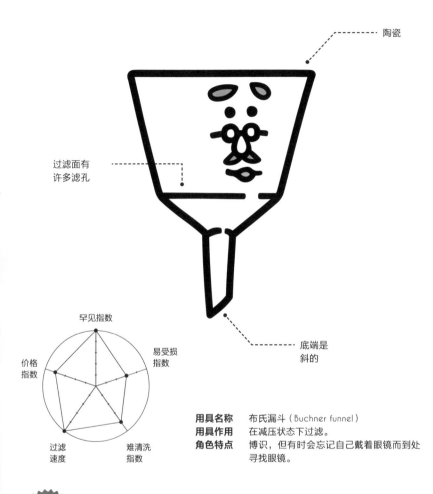

陶瓷

过滤面有
许多滤孔

罕见指数

易受损
指数

价格
指数

过滤
速度

难清洗
指数

底端是
斜的

用具名称　布氏漏斗（Buchner funnel）
用具作用　在减压状态下过滤。
角色特点　博识，但有时会忘记自己戴着眼镜而到处
寻找眼镜。

实验
伙伴

抽滤瓶君

滤纸君

抽气泵君和
胶管君

抽滤瓶君

此管连接
抽气泵

总是摆出
正在吮吸的嘴形

身体壮实，能承受
一定的压强差。

早见指数

易受损
指数

价格
指数

适用于
各种实验

耐压指数

用具名称	抽滤瓶（suction bottle）
用具作用	能对布氏漏斗产生吸力。
角色特点	不管是否在做实验，总是摆出正在吮吸的嘴形。

实验
伙伴

布氏漏斗爷爷

抽气泵君和
胶管君

抽气泵君和胶管君

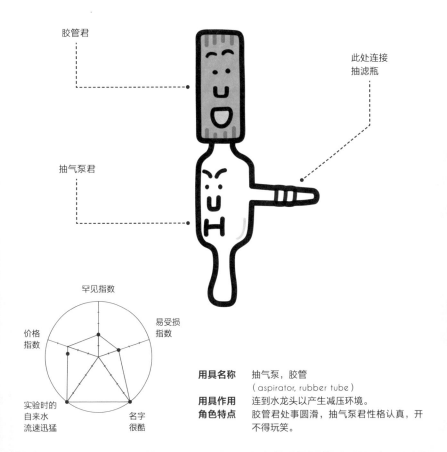

胶管君

此处连接
抽滤瓶

抽气泵君

早见指数

易受损
指数

价格
指数

实验时的
自来水
流速迅猛

名字
很酷

用具名称 抽气泵，胶管
（aspirator, rubber tube）
用具作用 连到水龙头以产生减压环境。
角色特点 胶管君处事圆滑，抽气泵君性格认真，开
不得玩笑。

  抽滤漏斗在高中实验室里可能并不多见，但大学实验室一般都会有，这种漏斗真的非常有用。一些沉淀物较细的浑浊液如果用普通的过滤方法，一般都需要操作几十分钟，甚至几个小时，在过滤期间还得在一旁守着。但如果用抽滤漏斗，就能很快完成过滤。感谢发明抽滤漏斗的德国化学家爱德华·比希纳（Eduard Büchner）先生，还有用自来水就能轻易进行减压的抽气泵。

  常用的抽滤漏斗包括布氏漏斗和桐山漏斗。布氏漏斗有许多小洞，洗起来很麻烦，但看在能加快实验速度的分上就别抱怨了……（但我还是买了只有一个洞的桐山漏斗，因为好清洗。真对不起，比希纳先生。）

移液小伙伴和清洁小伙伴

搅拌

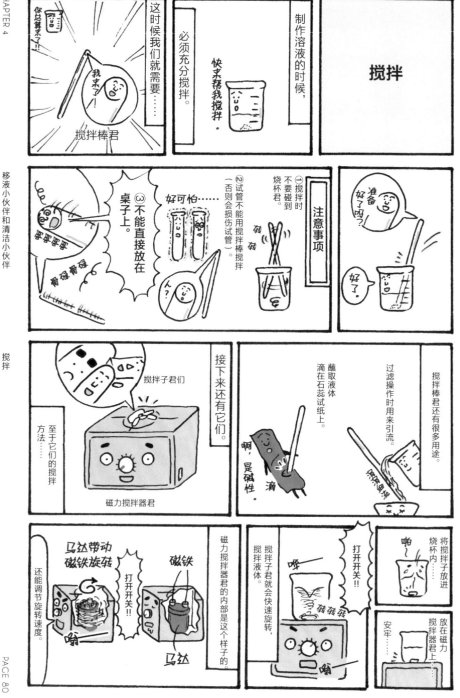

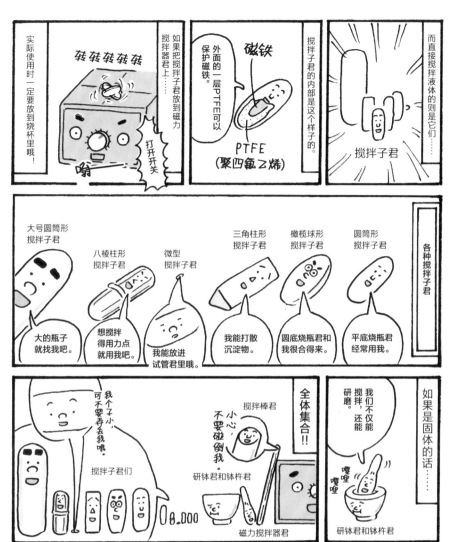

搅拌子比较便宜，感兴趣可以把各种类型的搅拌子都买了，集成一套。相比之下，搅拌器价位就要高一些了。其实磁力搅拌器的原理就是让磁铁在里面旋转（利用磁力让搅拌子跟着磁铁一起旋转），相信大家都想过要自己做一个（必须的）。但自制的搅拌器总感觉不耐用，要在旁边盯着它转才放心，似乎有点本末倒置了（经验之谈）。

烧杯君笔记

▼
搅拌子君
有很多种类型。

搅拌子君们

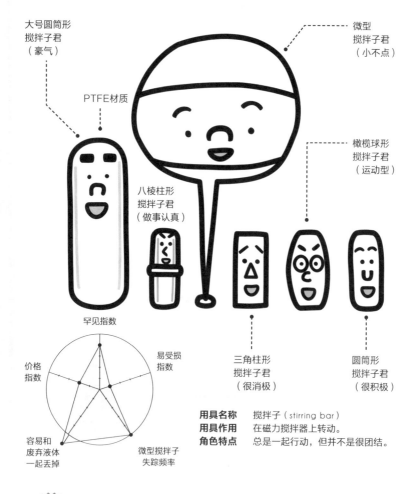

大号圆筒形
搅拌子君
（豪气）

PTFE材质

微型
搅拌子君
（小不点）

橄榄球形
搅拌子君
（运动型）

八棱柱形
搅拌子君
（做事认真）

罕见指数

价格
指数

易受损
指数

容易和
废弃液体
一起丢掉

微型搅拌子
失踪频率

三角柱形
搅拌子君
（很消极）

圆筒形
搅拌子君
（很积极）

用具名称	搅拌子（stirring bar）
用具作用	在磁力搅拌器上转动。
角色特点	总是一起行动，但并不是很团结。

实验
伙伴

烧杯君

磁力搅拌器君

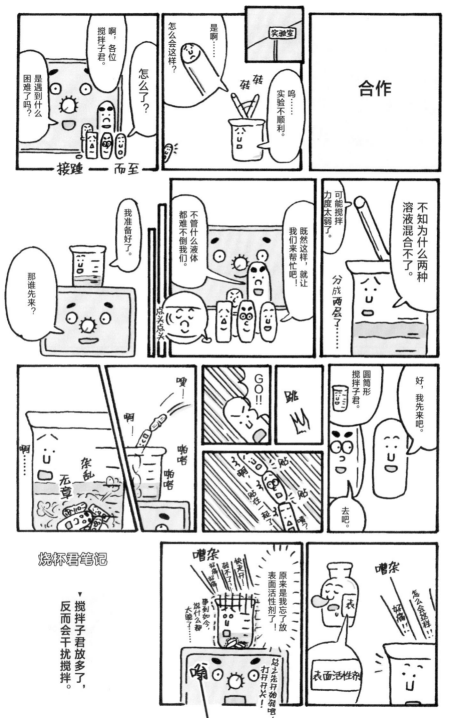

磁力搅拌器君

用具名称　磁力搅拌器
　　　　　　（magnetic stirrer）
用具作用　利用磁力让搅拌子进行
　　　　　　旋转。
角色特点　打开开关后眉毛会
　　　　　　皱起来。

此处放入
搅拌子

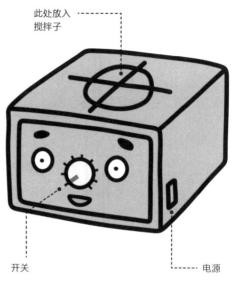

早见指数

易受损
指数

价格
指数

转得太快
会很吵

容易忘记关
电源

开关

电源

搅拌棒君

用具名称　搅拌棒
　　　　　　（glass rod）
用具作用　搅拌液体。
角色特点　脸小。

玻璃材质

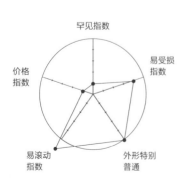

早见指数

易受损
指数

价格
指数

易滚动
指数

外形特别
普通

研钵君和钵杵君

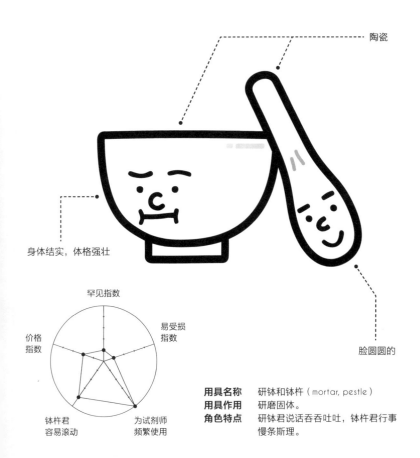

陶瓷

身体结实，体格强壮

脸圆圆的

罕见指数

易受损指数

价格指数

钵杵君容易滚动

为试剂师频繁使用

用具名称 研钵和钵杵（mortar, pestle）
用具作用 研磨固体。
角色特点 研钵君说话吞吞吐吐，钵杵君行事慢条斯理。

　　研钵和钵杵在化学实验中经常用到。虽然做好的化学药品大部分都是粉末状，但溶液结晶化或蒸发析出沉淀物，想让它再次溶解时，没有研钵和钵杵会很不方便（溶解大颗粒固体需要花费很长时间）。

　　如果想把小颗粒的固体研磨得更细，就要用略高级的研钵和钵杵，这种贵重物品在使用的时候一定要小心一点，因为通常使用玛瑙研钵操作。顾名思义，这种研钵使用玛瑙制成，价格昂贵，做工漂亮，让人忍不住要带回家做装饰。如果想弄碎体积庞大的固体（如岩石），就要用到铁研钵和铁钵杵了。它又大又重，通体漆黑，一般都放在柜子的底层。

移液小伙伴和清洁小伙伴

清洗

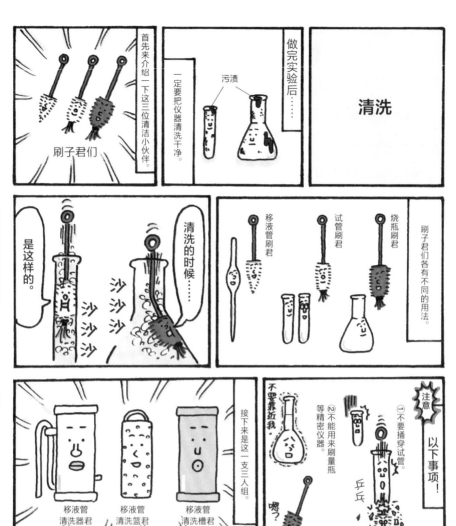

烧杯君笔记

▼
量瓶妹妹
很怕刷子君。

实验室的清洁台总会晾着一个移液管清洗器。虽然用清洗器的话肯定会轻松很多，但如果连着清洗器的水龙头胶管老化，导致剥落的橡胶流进清洗器，塞住移液管，到时又得清洗一遍。这么麻烦，很多人就不会再使用它。所以移液管清洗器的胶管一定要定时更换。

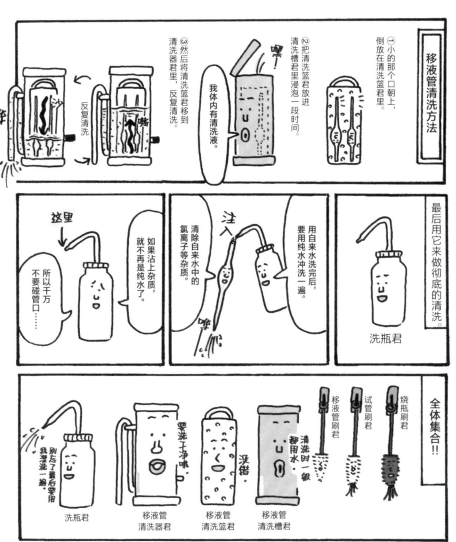

洗瓶一般都装着纯水，但有机化学实验室还会用它盛装丙酮或乙醇等有机溶液。这是为了溶解黏附在试管和烧瓶上的有机物，便于清洗。为了避免混淆，瓶子上一般都会写着大大的"丙酮"二字，但因为它是有机溶液，所以时间一久就会失效，最好还是用有机溶液专用的洗瓶（根据盖子颜色和纯水的不同）来存放。另外，丙酮洗瓶不要随便拿来玩，溅到别人身上是很危险的（笑）。

烧杯君笔记

▼
**不能触碰
洗瓶君的管口。**

刷子君们

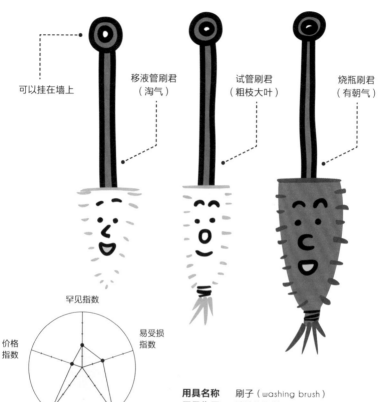

可以挂在墙上

移液管刷君
（淘气）

试管刷君
（粗枝大叶）

烧瓶刷君
（有朝气）

罕见指数

价格指数

易受损指数

一不小心就会把实验用具弄坏

不知什么时候该换

用具名称 刷子（washing brush）
用具作用 清洗烧瓶等器具。
角色特点 个子小力气大，三个都很喜欢清洗器具。

实验伙伴

一球滴管君

试管兄弟

三角烧瓶君

移液管清洗三人组

用具名称 移液管清洗套件
（pipette washer set）

用具作用 清洗移液管。

角色特点 清洗槽君和清洗器君偶尔会吵架，洗净篮君总是从中调解。

- 罕见指数
- 易受损指数
- 价格指数
- 洗东西时的样子，怎么看都不会腻
- 移液管一定要倒着放

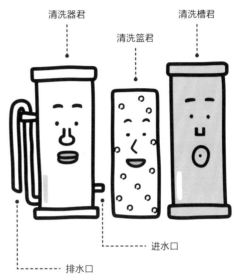

清洗器君

清洗篮君

清洗槽君

进水口

排水口

洗瓶君

用具名称 洗瓶
（washing bottle）

用具作用 漂洗器具。

角色特点 爱清洁。

- 罕见指数
- 易受损指数
- 价格指数
- 不能触碰管口
- 总是被放在水龙头旁边

可以拧开更换液体

出水口

清洗二三事

每次做完实验都必须清洗实验器具。不对，在实验室打杂的时候，就算不参与实验也要负责清洗实验器具。每次洗的试管要是超过100根，总会不小心弄坏一两根（笑）。

其实清洗器具也是很讲究技巧的。比如，为避免捅穿试管底，在清洗前就要计算好该握住试管刷的哪个部位。再比如，清洗烧瓶时要把刷子的握柄弄弯（也有本身就是弯了的刷子）等，我们在实验室里最先学会的清洗技巧应该就是这些了吧。

在这里，我就再教大家一个清洗技巧吧。清洗烧杯的时候，首先要洗干净外底部。把最容易清洗的部位洗干净，以便看清哪里洗了，哪里还没洗。洗完外底部之后清洗外围，把外侧彻底洗干净之后再清洗内侧。清洗烧杯时容易忘记自己是先洗了内侧还是外侧，导致重复清洗。但如果事先定好清洗顺序，就能避免这种情况了（其实也不一定能完全避免）。

清洗器具的刷子质量也是不可忽视的。一些廉价刷子很容易掉毛，用不了多久就会掉得七零八落……这样的刷子不仅难用，还会堵住水池的下水口（经验之谈）。

有一点出乎意料的是，平时家里用的洗杯刷用来洗烧杯非常方便，而且效果还很不错。但如果洗杯刷上的海绵沾着脏东西，可能会越洗越脏。所以在用洗杯刷洗烧杯前，请务必考虑清楚后果。

CHAPTER

我不会输给
煤气灯君的……

加热小伙伴和
冷却小伙伴

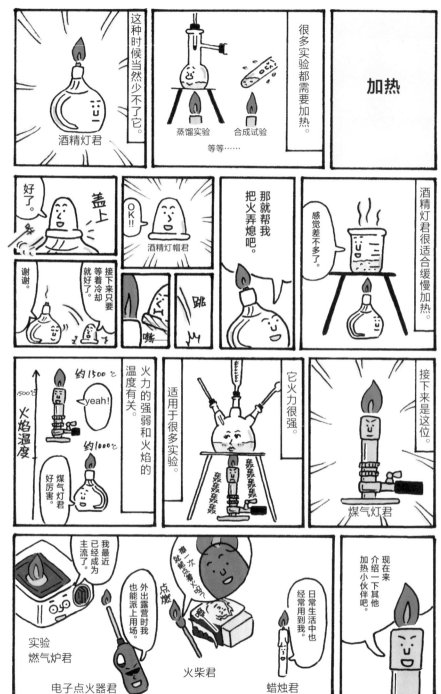

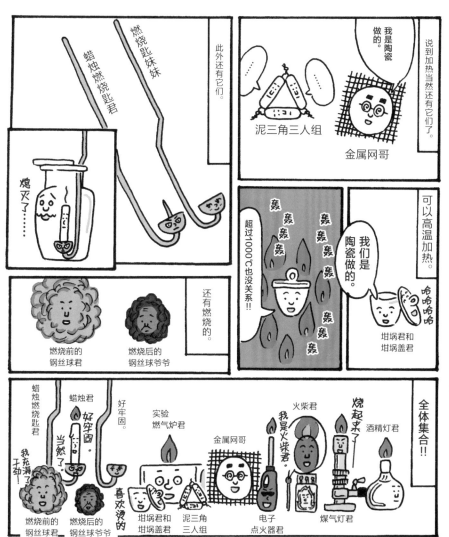

最近崇尚怀旧，所以酒精灯吸引了不少人气。使用时要注入足够的酒精（应保证不少于其容积的1/4，且不多于其容积的2/3），如果量太少，火焰的热度会导致瓶身破裂（我倒没试过）。在用摄像机拍摄实验过程的时候，一般会在燃料（燃料酒精）上放一个含有微量氯化钠（食盐）的小碎块。这样一来，昏暗的火焰就会变成淡黄色（钠离子焰色反应），从而看清加热的情况。

烧杯君笔记

▼煤气灯君的火焰有1500℃！好热！

酒精灯君和酒精灯帽君

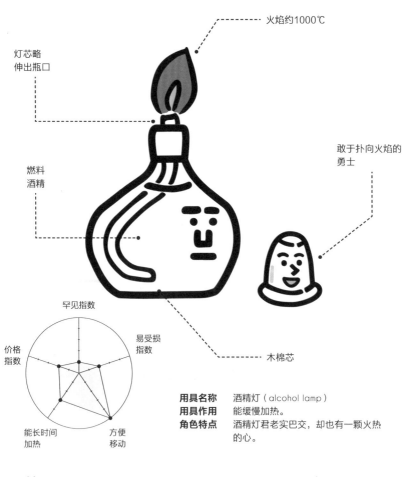

火焰约1000℃

灯芯略
伸出瓶口

敢于扑向火焰的
勇士

燃料
酒精

木棉芯

罕见指数

易受损
指数

价格
指数

方便
移动

能长时间
加热

用具名称	酒精灯（alcohol lamp）
用具作用	能缓慢加热。
角色特点	酒精灯君老实巴交，却也有一颗火热的心。

实验
伙伴

金属网哥

火柴君

电子点火器君

煤气灯君

用具名称 煤气灯
（gas burner）
用具作用 能快速加热。
角色特点 人如其貌，争强好胜。

火焰约1500℃

空气调节螺丝

煤气阀

煤气调节螺丝

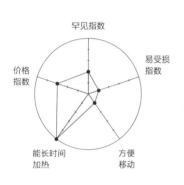

罕见指数

价格
指数

易受损
指数

能长时间
加热

方便
移动

电子点火器君

用具名称 电子点火器、燃气打
火机
（electronic match）
用具作用 点火。
角色特点 喜欢被别人依靠。

此处为金属材质，
点着火会发烫

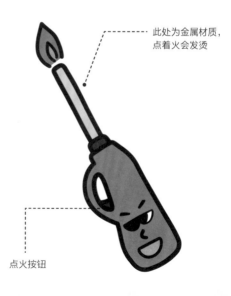

点火按钮

罕见指数

价格
指数

易受损
指数

适用于
露营

容易
点着火

火柴君

用具名称 火柴
　　　　　（match）
用具作用 擦出火焰。
角色特点 头部在燃烧时也能保持
　　　　　平常心。

头部涂有
氯酸钾和
硫黄

约2500℃

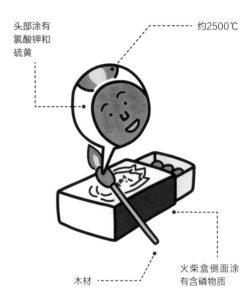

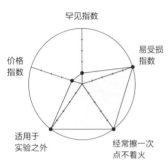

罕见指数

易受损
指数

价格
指数

适用于
实验之外

经常擦一次
点不着火

火柴盒侧面涂
有含磷物质

木材

蜡烛君

用具名称 蜡烛
　　　　　（candle）
用具作用 燃烧自我。
角色特点 和蜡烛燃烧匙君是
　　　　　好搭档。

约1400℃

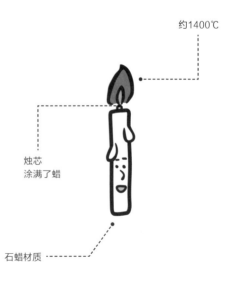

烛芯
涂满了蜡

罕见指数

易受损
指数

价格
指数

适用于
实验之外

易滚动
指数

石蜡材质

实验燃气炉君

用具名称 实验燃气炉
（experimental gas stove）
用具作用 点火。
角色特点 比较浅虑。

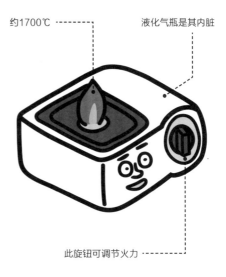

约1700℃

液化气瓶是其内脏

此旋钮可调节火力

早见指数

易受损指数

价格指数

一旦液化气用完就会令人抓狂

操作简单

金属网哥

用具名称 金属网
（wire gauze）
用具作用 加热时，陶瓷部分会均匀导热。
角色特点 酷爱学习，甚至因此成了深度近视。

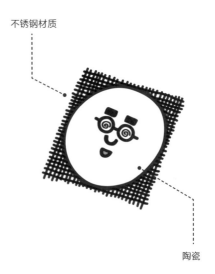

不锈钢材质

陶瓷

早见指数

易受损指数

价格指数

金属部分坑坑洼洼

容易被误认作石棉材质

泥三角三人组

用具名称 泥三角
（triangular support）

用具作用 架起坩埚。

角色特点 三人互相扶持，感情非常好。

早见指数

价格指数

易受损指数

坩埚难摆放

适用于各种实验

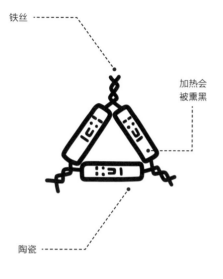

铁丝

加热会被熏黑

陶瓷

坩埚君和坩埚盖君

用具名称 坩埚
（crucible）

用具作用 能承受1000℃高温。

角色特点 两位很合拍，很耐热。

早见指数

价格指数

易受损指数

很难放到泥三角上

耐热指数

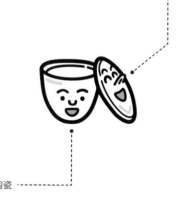

盖子君的手柄

陶瓷

蜡烛燃烧匙君

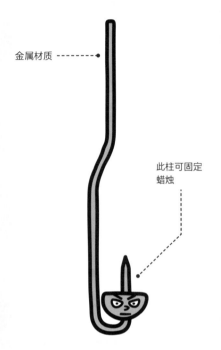

金属材质 ------

此柱可固定蜡烛

用具名称 蜡烛燃烧匙
（candlestick type combustion spoon）

用具作用 支撑蜡烛燃烧。

角色特点 头上有针。

燃烧匙妹妹

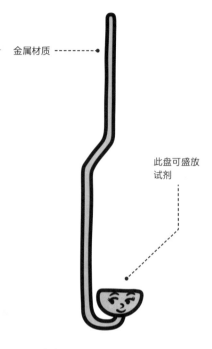

金属材质 ------

此盘可盛放试剂

用具名称 燃烧匙
（dished combustion spoon）

用具作用 用于燃烧少量物体。

角色特点 有点喜欢蜡烛燃烧匙君。

早见指数
易受损指数
价格指数
牢牢固定蜡烛
实验中途不能松手

早见指数
易受损指数
价格指数
容易留下焦印
实验中途不能松手

燃烧前的钢丝球君和
燃烧后的钢丝球爷爷

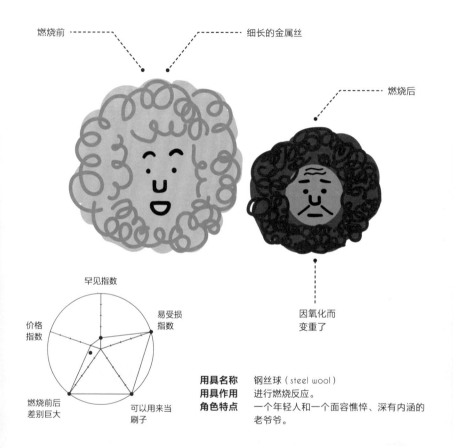

燃烧前 ------ 细长的金属丝

燃烧后

因氧化而
变重了

旱见指数

易受损
指数

价格
指数

燃烧前后
差别巨大

可以用来当
刷子

用具名称　钢丝球（steel wool）
用具作用　进行燃烧反应。
角色特点　一个年轻人和一个面容憔悴、深有内涵的
　　　　　　老爷爷。

　　在煤气灯上加热时，之所以要用金属网，不仅是为了支撑烧瓶，更重要的是防止部分加热引起暴沸而损坏器具。金属网看起来简陋，但它的职责却不可忽视。

　　金属网白色的部分现在一般都是陶瓷做的，以前则使用典型的耐热材料——石棉，还因此被称为石棉网。但因为石棉含有致癌物质，所以后来换成了陶瓷，如果去实验室仔细找找的话，说不定还能找到石棉网。但它和现在的金属网外表基本无异，一定要小心别拿混了……

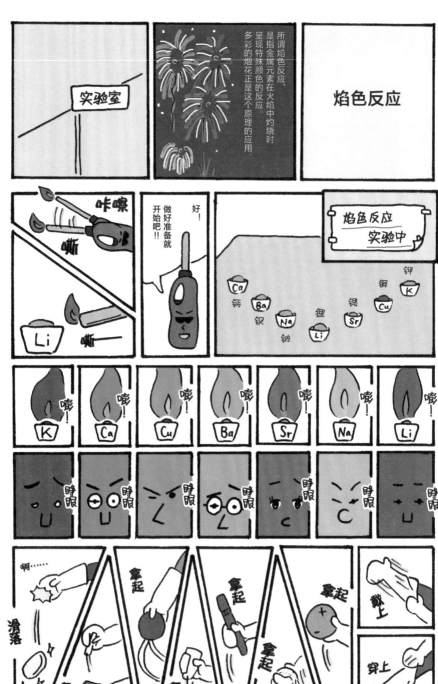

焰色反应很漂亮，大家都很喜欢做这个实验。这些颜色是金属元素依靠热量产生的发光现象，自身并没有发生反应。所以只需要加入一点点就能观察很长时间。

还有，焰色反应的颜色问题是化学考试必考的。Li→紫红色、Na→黄色、K→紫色、Cu→绿色、Ba→黄绿色、Ca→砖红色、Sr→洋红色——记住这些化学元素的焰色反应，在考试中取得好成绩吧。

烧杯君笔记

▼焰色反应紫战士手里拿着的是钾肥皂。

焰色反应紫红战士

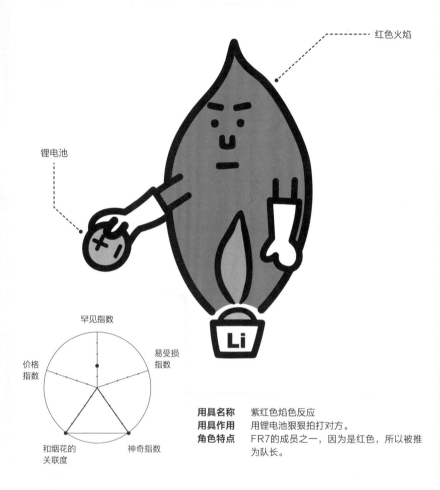

红色火焰

锂电池

罕见指数

易受损指数

价格指数

和烟花的关联度

神奇指数

用具名称 紫红色焰色反应
用具作用 用锂电池狠狠拍打对方。
角色特点 FR7的成员之一，因为是红色，所以被推为队长。

实验伙伴

煤气灯君

电子点火器君

焰色反应（FR7）

洋红战士、黄战士、砖红战士、紫战士、黄绿战士、绿战士

焰色反应
紫战士

用具作用
用肥皂让对方滑倒。

角色特点
团队中最文静的一员。

焰色反应
洋红战士

用具作用
用发烟筒呼叫同伴。

角色特点
队伍里的一点红。

焰色反应
黄绿战士

用具作用
拿放入了造影剂的杯子给别人看，扰其心神。

角色特点
团队中最聪明的一员。

焰色反应
黄战士

用具作用
撒一把盐恐吓对方。

角色特点
团队中最有力的一员。

焰色反应
绿战士

用具作用
挥舞铜奖牌。

角色特点
团队中最有男子气概的一员。

焰色反应
砖红战士

用具作用
投掷粉笔攻击对方。

角色特点
团队中最吵闹的一员。

FR7②

烧杯君笔记

▶原来火焰遇到氮气君是会熄灭的。

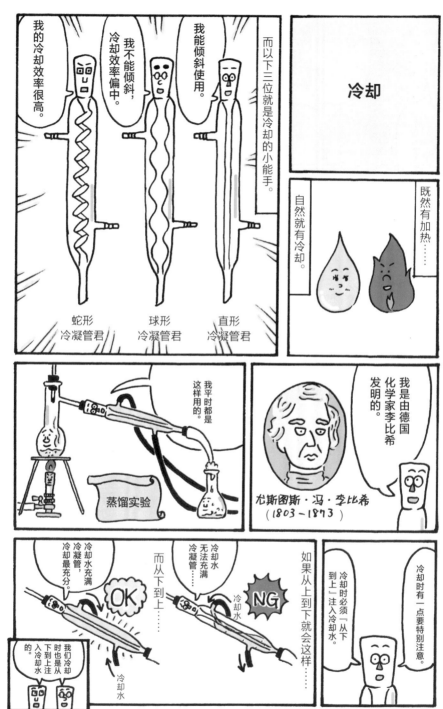

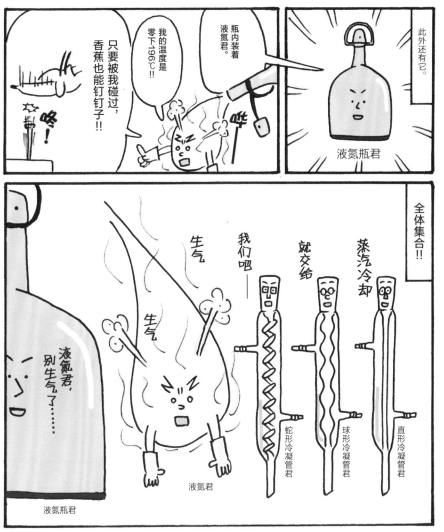

此外还有它。

液氮瓶君

加热小伙伴和冷却小伙伴

冷却

全体集合!!

蒸汽冷却

就交给

我们吧——

生气

生气

直形冷凝管君

球形冷凝管君

蛇形冷凝管君

液氮君，别生气了……

液氮君

液氮瓶君

只要被我碰过，香蕉也能钉钉子!!

我的温度是零下196℃!!

瓶内装着液氮君。

咚！

烧杯君笔记

▼使用冷凝器君的时候，水要从下方进上方出。

玻璃器具都很漂亮，尤其是由两层玻璃管组成的冷凝管，一看就非常精密，是最受人喜爱的实验器具。（纯属私见！）特别是蛇形冷凝管，螺旋形的内管真是百看不厌。但它也有一个缺点，螺旋形内管分量比较重，所以稍微受到一点冲击也会导致内管断裂报废。在很多实验室都能看到失去作用，只能用来欣赏的冷凝管。说起来冷凝管不便宜，也有可能是因为不舍得扔吧……

直形冷凝管君

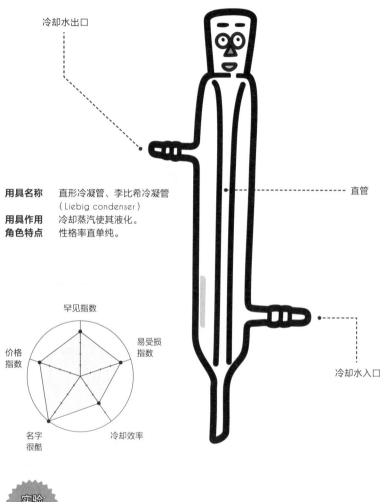

冷却水出口

直管

用具名称 直形冷凝管、李比希冷凝管
（Liebig condenser）
用具作用 冷却蒸汽使其液化。
角色特点 性格率直单纯。

冷却水入口

早见指数

易受损
指数

价格
指数

冷却效率

名字
很酷

实验
伙伴

蒸馏烧瓶君

万能夹君

铁架台君

蛇形
冷凝管君

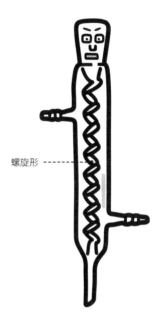

螺旋形 ----------

用具名称 蛇形冷凝器
（graham condenser）
用具作用 冷却蒸汽使其液化。
角色特点 个性易冷也易热。

早见指数

易受损
指数

价格
指数

冷却效率

名字
很酷

球形
冷凝管君

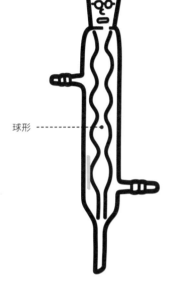

球形 ----------

用具名称 球形冷凝管
（allihn condenser）
用具作用 冷却蒸汽使其液化。
角色特点 更希望别人称呼它为阿林冷
凝器。

早见指数

易受损
指数

价格
指数

冷却效率

名字
很酷

液氮君

用具名称 液氮
（liquid nitrogen）

用具作用 冷却物质或使空间
降温。

角色特点 沸点低，易发怒。

温度约
－196℃

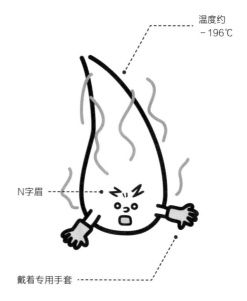

N字眉

戴着专用手套

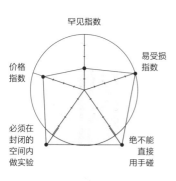

罕见指数

易受损
指数

价格
指数

必须在
封闭的
空间内
做实验

绝不能
直接
用手碰

液氮瓶君

用具名称 液氮瓶
（liquid nitrogen
transportation container）

用具作用 盛放液氮。

角色特点 负责安慰生气的
液氮君。

此孔为
通气孔

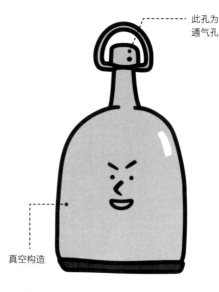

真空构造

罕见指数

易受损
指数

价格
指数

不可密封

容易搬运

易发怒

液氮君沸点低，很容易生气……

但他也有温柔的一面。

沸点-196℃

怒气参数

粉碎

香气袭人。

当它看到鲜花……

哇，好漂亮的花!!

歇斯底里

这样怎么吃!!

是香蕉，看起来很好吃!!

当它看到香蕉……

烧杯君笔记

▼液氮君戴着专用手套。

对不起！

一定要拉进黑名单……

啊！

伟大的本生灯

连着煤气管用来做加热实验的煤气灯，其实有个正式的名称——本生灯，它上下两个旋钮（也有针阀式的）分别用来调节煤气（下）和空气（上）。第一次见的时候估计大家都会很好奇地拆开来看。（什么？都没拆过？！）不过它的构造其实挺简单……

本生灯的起源众说纷纭，有人说它是德国化学家罗伯特·本生（与古斯塔夫·基尔霍夫共同用光谱化学分析法发现了元素铯和铷）通过改良过往的煤气灯研制出来的，也有人说是英国化学家汉弗里·戴维和他的助手迈克尔·法拉第设计，后来由法拉第进一步改良而成的……

煤气灯平时只是作为一种加热用具，默默地为实验做奉献，但在焰色反应中它可是二号主角。煤气灯的加热效率比酒精灯高，所以更方便观察焰色。做焰色反应一般会用到接种针，但因为接种针比较贵，所以有时会被人偷偷拿走。（话说拿走能卖钱吗？）如果只是想观察焰色，其实可以用一根较长的不锈钢丝，卷成蚊香那样的螺旋状，然后涂上金属盐溶液，这样一来火焰的变色面积会变大，易于观察。（很壮观的！）

此外，最近很多人会选择用小型的实验煤气灯来代替本生灯，它的大小和酒精灯差不多，而且还搭配了便携式燃气炉使用的小型煤气瓶，使用起来非常方便。

CHAPTER

我很容易损坏，
用起来要小心哦。

观察实验小伙伴

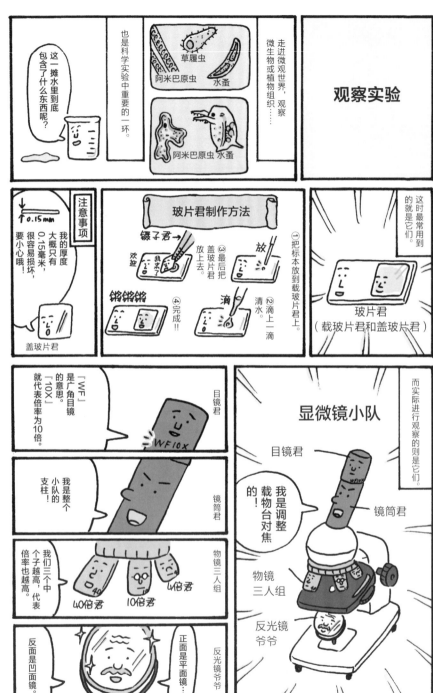

观察实验

走进微观世界，观察微生物或植物组织……

也是科学实验中重要的一环。

这一摊水里到底包含了什么东西呢？

草履虫
阿米巴原虫　水蚤

阿米巴原虫　水蚤

观察实验小伙伴

这时最常用到的就是它们。

玻片君
（载玻片君和盖玻片君）

①把标本放到载玻片君上。

玻片君制作方法

镊子君→
③最后把盖玻片君放上去。
放
欢迎
我来啦
②滴上一滴清水。
滴
④完成!!
铿铿铿

注意事项

我的厚度大概只有0.15毫米，很容易损坏，要小心哦！
↓ ↑ 0.15mm
盖玻片君

观察实验

而实际进行观察的则是它们。

显微镜小队

目镜君
WF10X
镜筒君

我是调整载物台对焦的！

物镜三人组

反光镜爷爷

「WF」是广角目镜的意思。「10X」就代表倍率为10倍。
目镜君
WF10X

我是整个小队的支柱！
镜筒君

我们三个中个子越高，代表倍率也越高。
物镜三人组
40倍君　10倍君　4倍君

正面是平面镜……
反面是凹面镜。
反光镜爷爷

说到显微镜的使用方法，令人印象深刻的恐怕要属物镜的安装。安装物镜的时候绝对不能用单手，而必须用惯用手拿起，并用另一只手的食指中指夹着，慢慢拧紧……有些人觉得这样是小题大做，其实不然。如果不够小心，哪怕是放在硬一点的桌子上，都可能影响到观察效果。尤其高倍率的物镜是由十几个直径为1~2毫米的透镜组合而成的，非常精密且昂贵。

烧杯君笔记

▼
越长的物镜
倍率越高。

玻片君（载玻片君和盖玻片君）

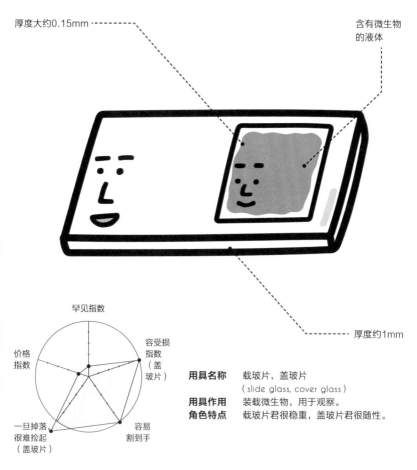

厚度大约0.15mm

含有微生物的液体

厚度约1mm

早见指数

容受损指数（盖玻片）

价格指数

容易割到手

一旦掉落很难捡起（盖玻片）

用具名称 载玻片，盖玻片
（slide glass, cover glass）

用具作用 装载微生物，用于观察。

角色特点 载玻片君很稳重，盖玻片君很随性。

实验伙伴

显微镜小队

镊子君

一球滴管君

显微镜小队

用具名称 光学显微镜
（light microscope）

用具作用 放大并观察物体。

角色特点 到了关键时刻，
听说……会很团结。

目镜君

镜筒君

物镜三人组
（40倍君、10倍君、4倍君）

罕见指数

易受损
指数

价格
指数

观察时
容易把负责
观察的
那只眼闭上

物镜
不能碰到
玻片

实验
伙伴

载物台
（用于放置玻片）

玻片君

反光镜爷爷

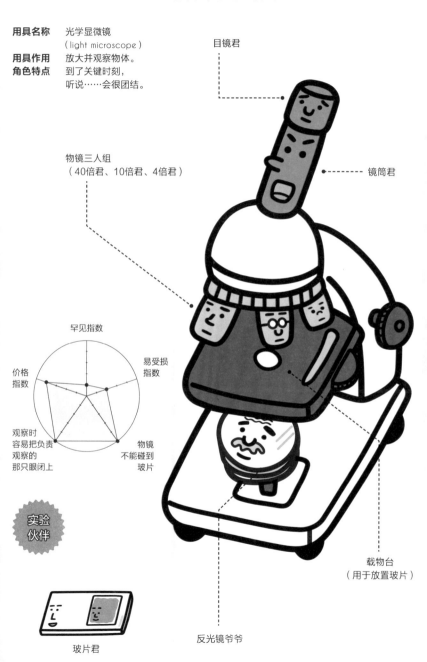

放大镜君

倍率2.5倍 ----------

凸透镜

早见指数

价格指数

易受损指数

不能用它看太阳

拿着它觉得有点激动

握柄

用具名称 放大镜（loupe, magnifying glass）
用具作用 放大物体，以便观察。
角色特点 会不自觉地聚集阳光，让对方觉得很热。

实验伙伴

便携式放大镜君

折叠式放大镜君

便携式放大镜君

用具名称 便携式放大镜
（feeding loupe）

用具作用 可以收起来，保护透镜
部分。

角色特点 喜欢外出，是个户外活
动爱好者。

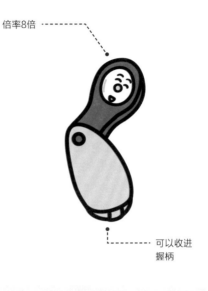

倍率8倍

可以收进
握柄

早见指数

易受损
指数

价格
指数

便于
携带

禁止用它
看太阳

折叠式放大镜君

用具名称 折叠式放大镜
（folding loupe）

用具作用 可以保持一定距离观察
物体。

角色特点 不喜欢外出，比较宅。

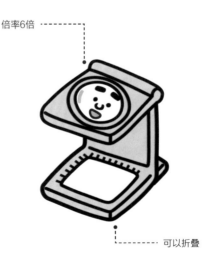

倍率6倍

可以折叠

早见指数

易受损
指数

价格
指数

也适用于
印刷行业

禁止用它
看太阳

COLUMN

08

献身科学&艺术界的
透镜

17世纪初，伽利略·伽利雷利用望远镜观测到天体的位相等现象，否定了地心学说。由于这个成就太过伟大和知名，以致伽利略做过的显微镜实验都鲜为人知（也可能是因为他跟当时罗马教廷的冲突加剧，显微镜实验做得并不多）。

显微镜是16世纪末由荷兰的眼镜制造商詹森父子发明的。当初人们只是把它当作一种新奇的玩具，但到了17世纪后半叶，显微镜带来的发现却颠覆了人们以往的常识。一个是英国科学家罗伯特·胡克发现了生物的细胞结构，另一个则是安东尼·列文虎克发现了精子和微生物。

胡克所用的显微镜构造和现代显微镜差不多，都是物镜成像，目镜放大。但列文虎克所用的显微镜却和放大镜一样，只有一块镜片。列文虎克的显微镜制作技术也十分杰出，据说他一生中一共制作了500多部显微镜。其中倍率最高的显微镜达300倍，就放大效果而言，这个倍率简直难以想象。（现代放大镜中倍率较高的也就30倍左右……）

另外，列文虎克本身并不从事研究工作，他不过是一个普通商人。当时，英国皇家学会的罗伯特·胡克深为他的研究所触动，便将其引荐进入皇家学会。著名画家维米尔和列文虎克其实是好友，列文虎克还多次担任维米尔的作画模特。维米尔作画时经常使用的绘画工具（暗箱）也是用凸透镜成像的原理制成的，透镜真不愧为一个伟大的发明。

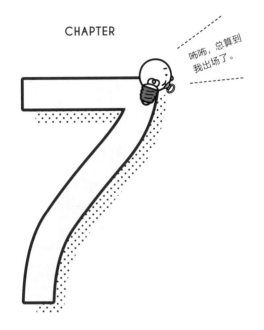

CHAPTER

��，总算到
我出场了。

电与磁小伙伴

电与磁

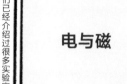

之前我们已经介绍过很多实验室小伙伴了，其实实验室里还有……

电，

与磁，

相关的小伙伴。

首先来介绍一下与电相关的小伙伴吧。

我是玻璃的，不会有事。

噼！噼！

轰！

先来看这几位。

会用到我。

数码相机等耗电较大的电器一般

碱性干电池君

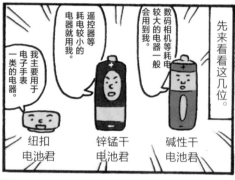

耗电较小的电器就用我。

遥控器等

锌锰干电池君

我主要用于电子手表一类的电器。

纽扣电池君

干电池的尺寸

以电压和电力来区分哦。

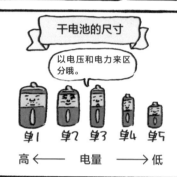

单1　单2　单3　单4　单5

高 ←　电量　→ 低

那么电池的工作原理到底是什么？

电池的工作原理

① 锌溶解成离子，就会生成电子。

② 电子从锌流向铜，就会产生电流。

铜　锌

电解质溶液

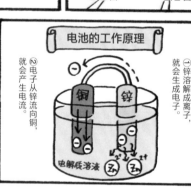

根据这个原理制成固体状，并缩小体积就成了干电池。

具体请自己回去查阅相关资料……

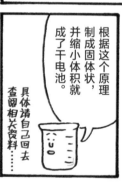

另有一些小伙伴也与电相关。

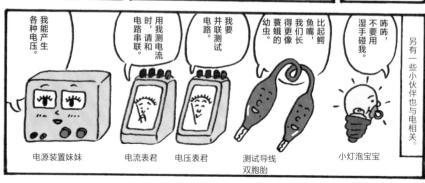

我能产生各种电压。

电源装置妹妹

用我测电流时，请和电路串联。

电流表君

我要并联测试电路。

电压表君

比起鳄鱼嘴，我们长得更像蒌蛾的幼虫。

测试导线双胞胎

咻咻，不要用湿手碰我。

小灯泡宝宝

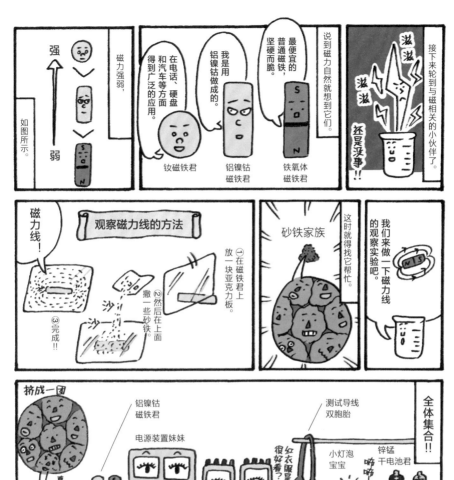

测试导线双胞胎的正式名称是测试导线。覆在夹子上的塑料套看起来很像蓑蛾的幼虫。但也正因为有这个塑料套，所以每次做完实验，都会有溶液渗进里面擦不掉，让夹子很容易生锈。经常要用到的红黑测试导线自不必说，连绿色、黄色导线这样偶尔才取用一次的，使用时都会发现它已经生锈了……不过用些贵金属镀一层膜就能有效防止生锈，性价比还是挺高的。

烧杯君笔记

▼ 电子的移动会产生电流。

干电池君们

（纽扣电池君/锌锰干电池君/碱性干电池君）

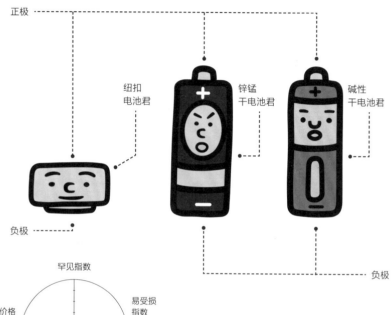

正极

纽扣电池君

锌锰干电池君

碱性干电池君

负极

负极

罕见指数

易受损指数

价格指数

经常会买错尺寸

不能拆卸

用具名称 干电池（dry battery）
用具作用 产生电流。
角色特点 锌锰干电池君和碱性干电池君是一对好劲敌。

实验伙伴

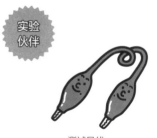

测试导线双胞胎

小灯泡宝宝

电流表君和电压表君

电流表君和电压表君

用具名称 电流表、电压表
（ammeter, voltmeter）

用具作用 测电流和电压的大小。

角色特点 电流表君总是一脸为
难，而电压表君总是满
面笑容。

早见指数
易受损指数
不能拨动指针
总喜欢多拧几下接线柱
价格指数

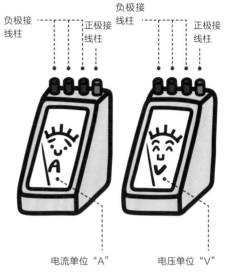

负极接线柱　正极接线柱　负极接线柱　正极接线柱

电流单位"A"　　　电压单位"V"

电源装置妹妹

用具名称 电源装置
（power supply）

用具作用 调整电流和电压。

角色特点 电流表君和电压表君的
妹妹。

早见指数
易受损指数
不能一直开着电源
不能用湿手触碰
价格指数

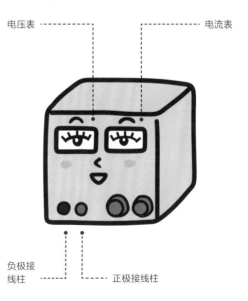

电压表　　　　　　　　　　　电流表

负极接线柱　　正极接线柱

小灯泡宝宝

用具名称 小灯泡
（miniature bulb）

用具作用 发光。

角色特点 小宝宝总是"咘咘"
地叫。

发光时灯丝
温度大概
是2500℃

里面是真空

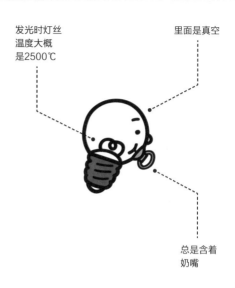

总是含着
奶嘴

早见指数

易受损
指数

价格
指数

易滚动
指数

不能用
湿手触碰

测试导线双胞胎

用具名称 测试导线
（basket worm lead）

用具作用 通电。

角色特点 总是形影不离，双胞胎
感情很好。

里面是铜线

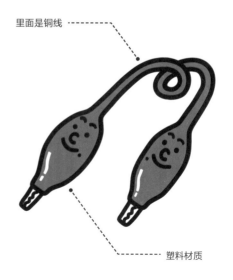

塑料材质

早见指数

易受损
指数

价格
指数

夹子的力度

形似蓑
蛾幼虫

磁铁君们

（钕磁铁君/铝镍钴磁铁君/铁氧体磁铁君）

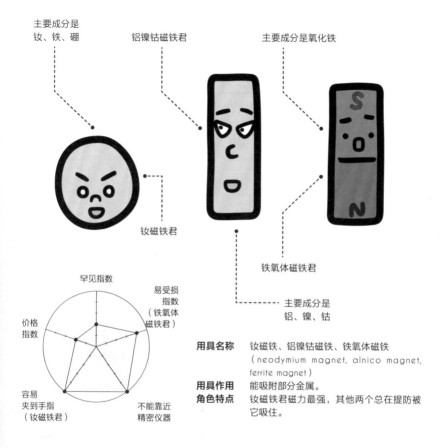

主要成分是
钕、铁、硼

铝镍钴磁铁君

主要成分是氧化铁

钕磁铁君

铁氧体磁铁君

主要成分是
铝、镍、钴

罕见指数

易受损
指数
（铁氧体
磁铁君）

价格
指数

容易
夹到手指
（钕磁铁君）

不能靠近
精密仪器

用具名称	钕磁铁、铝镍钴磁铁、铁氧体磁铁
	（*neodymium magnet, alnico magnet,*
	ferrite magnet）
用具作用	能吸附部分金属。
角色特点	钕磁铁君磁力最强，其他两个总在提防被
	它吸住。

实验
伙伴

砂铁家族

指南针爷爷

砂铁家族

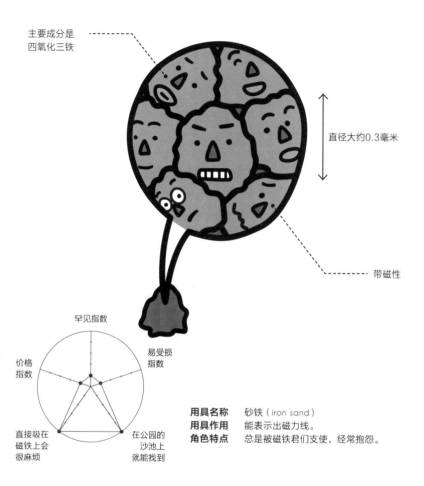

主要成分是
四氧化三铁

直径大约0.3毫米

带磁性

罕见指数

价格
指数

易受损
指数

直接吸在
磁铁上会
很麻烦

在公园的
沙池上
就能找到

用具名称 砂铁（iron sand）
用具作用 能表示出磁力线。
角色特点 总是被磁铁君们支使，经常抱怨。

实验
伙伴

钕磁铁君

铝镍钴磁铁君

铁氧体磁铁君

世界上最强的钕磁铁

磁铁在5000多年前的古希腊时代就已经被发现了，它属于一种本身带有磁力的天然矿物质。后来磁铁的研究得到进一步的发展，人类在19世纪前半段发明了电磁铁，进而研究出将钢合金变成磁铁（磁化）的技术。小学实验用的棒形磁铁和马蹄形磁铁基本都是用这种方法制成的。

在19世纪初，整个世界都开始争相开发磁性较强的物质和强力的磁铁，其中走在前列的是日本。1917年，本多光太郎等人研制出了KS钢，后来三岛德七又研制出了MK钢，加藤与五郎、武井武研制出了铁氧体磁铁，日本东北大学团队研制出了FCC磁铁，松下电器（Panasonic）研制出了锰铝磁铁。一直到1970年，都不断有新型磁铁面世。到了1982年，当时隶属住友特殊金属的佐川真人研制出了"钕磁铁"。甚至到了今天，这种永久磁铁（非电磁铁）仍被誉为史上最强的磁铁。

从名字的变化就能看出，磁铁经历了翻天覆地的变化，钢合金磁铁的材料从铁氧体磁铁开始就不断在变。铁氧体磁铁中只含有一小部分铁，它主要是由氧化铁、钡元素和锶元素烧制而成的，材料和花盆等制品差不多。后来出现的那些强力磁铁制作方法也大同小异，都是混合各种材料烧制而成。因最近的磁铁质量提高，可能比较少见，但铁氧体磁铁和钕磁铁如果和其他物体发生剧烈碰撞，就会像瓷碗那样碎裂。有些人看到这种情况还会急急忙忙地找强力胶，但细想一下（不想也没事），磁铁是会自己粘成一块的，即使不用强力胶粘起来，做实验时也能继续使用。

我是幕后的
大力士!

实验室的
小帮手

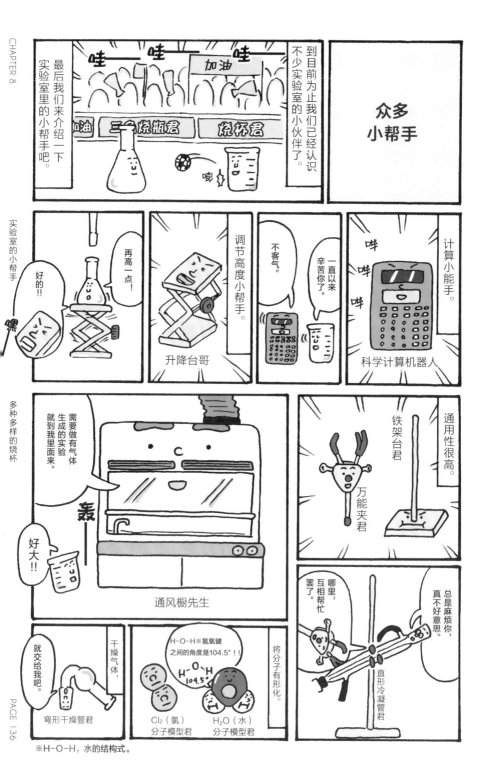

众多
小帮手

到目前为止我们已经认识不少实验室的小伙伴了。

最后我们来介绍一下实验室里的小帮手吧。

哇——哇——哇

加油

加油 三 烧瓶君 烧杯君

嘭

实验室的小帮手

再高一点！

好的！！

课

调节高度小帮手。

升降台哥

不客气。

一直以来辛苦你了。

哔 哔 哔

计算小能手。

科学计算机器人

多种多样的烧杯

需要做有气体生成的实验就到我里面来。

轰

好大！！

通风橱先生

通用性很高。

铁架台君

万能夹君

总是麻烦你，真不好意思。

哪里，互相帮忙罢了。

直形冷凝管君

干燥气体，就交给我吧。

弯形干燥管君

将分子有形化。

H-O-H※氢氧键之间的角度是104.5°！！

H-O-H
104.5°

Cl₂（氯）分子模型君

H₂O（水）分子模型君

※H-O-H，水的结构式。

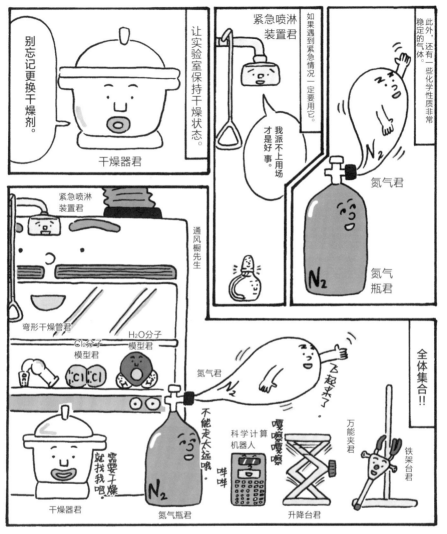

此外，还有一些化学性质非常稳定的气体。

紧急喷淋装置君

如果遇到紧急情况一定要用它。

让实验室保持干燥状态。

别忘记更换干燥剂。

干燥器君

我派不上用场才是好事。

氮气君

N₂

氮气瓶君

N₂

紧急喷淋装置君

通风橱先生

弯形干燥管君

Cl₂分子模型君

H₂O分子模型君

氮气君

N₂

不能走太远哦。

全体集合!!

又起来了。

科学计算机器人

嘎嚓嘎嚓

万能夹君

铁架台君

干燥器君

需要干燥就找我吧。

嘟嘟

氮气瓶君

N₂

升降台君

烧杯君笔记

▼ 氮气的化学性质非常稳定。

　　铁架台是在做实验时用来固定烧瓶和冷凝管等用具的。它坚固厚重，非常稳定，但有时也会看到一些支架不稳、完全无法使用的铁架台。造成这种情况的原因就是底部螺丝的损耗。经常在搬运的时候直接抓着支架提起来，结果就对螺丝造成了磨损。虽然铁架台很坚固，但结合部位还是很脆弱的，所以搬运的时候最好扶着底部。

氮气瓶君和氮气君

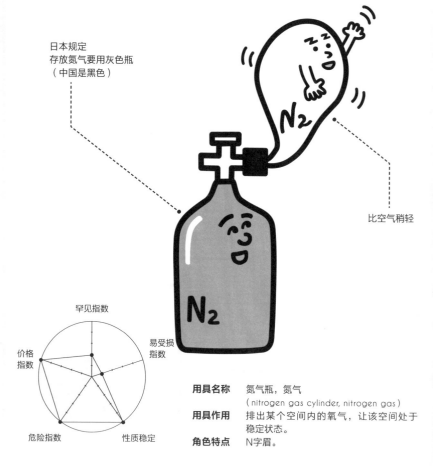

日本规定
存放氮气要用灰色瓶
（中国是黑色）

比空气稍轻

罕见指数

易受损
指数

价格
指数

危险指数

性质稳定

用具名称 氮气瓶，氮气
（nitrogen gas cylinder, nitrogen gas）

用具作用 排出某个空间内的氧气，让该空间处于
稳定状态。

角色特点 N字眉。

实验
伙伴

液氮瓶君

液氮君

铁架台君

用具名称 铁架台君
（experimental stand）
用具作用 固定实验所用的夹子。
角色特点 很受万能夹君信赖。

长长的支柱

厚重的底座

实验室的小帮手

万能夹君

用具名称 万能夹
（double swinging cramp）
用具作用 将器具固定在指定高度。
角色特点 深得冷凝管君和烧瓶君的感激。

此处用于夹紧器具

经过防滑处理

螺丝用于调节夹紧力度

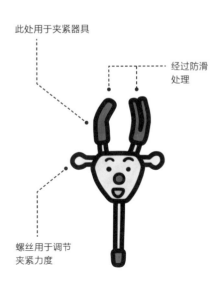

铁架台君／万能夹君

通风橱先生

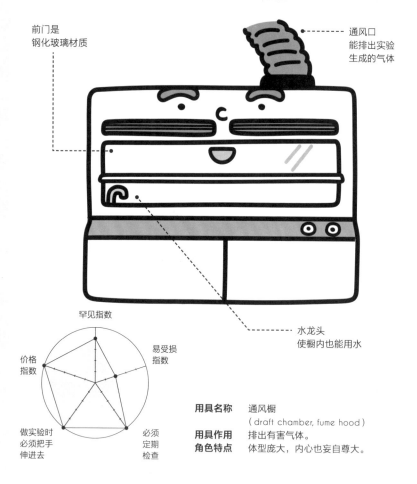

前门是
钢化玻璃材质

通风口
能排出实验
生成的气体

水龙头
使橱内也能用水

罕见指数

易受损
指数

价格
指数

做实验时
必须把手
伸进去

必须
定期
检查

用具名称 通风橱
（draft chamber, fume hood）
用具作用 排出有害气体。
角色特点 体型庞大，内心也妄自尊大。

实验
伙伴

烧杯君　　　　三角烧瓶君　　　　三口烧瓶姐　　　　滴液漏斗哥

H₂O分子模型君

用具名称 H₂O分子模型
（water molecular model）

用具作用 展现出水分子的构造。

角色特点 氧元素君心直口快，两个
氢元素君比较文静。

氧原子"O"

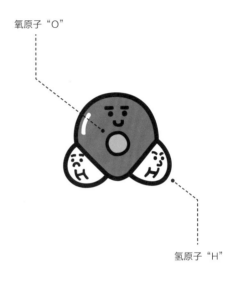

氢原子"H"

Cl₂分子模型君

用具名称 Cl₂分子模型
（chlorine molecular
model）

用具作用 展现出氯分子的构造。

角色特点 两人都沉默寡言，但很
合拍。

氯原子"Cl"

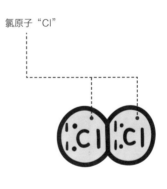

水!!

好!

我决定!!

要出去寻找真正的……

寻找真正的水

我很想在真正的水里游游泳。

我很想进入真正的水里看看吗？

实验室

氢元素君，你们想进入真正的水里看看吗？

想！

想！

哗啦

哗啦

哇——

太太太大，水太大了!!

哗啦

哗啦

啊啊啊啊

咕嘟咕嘟咕嘟咕嘟

咦

转动

响

哗啦

哗啦

好嘞!

啊

是水龙头!!

就这样，水分子模型君开始踏上寻水之旅……

哦，这就是水……

咕噜咕噜

浮动

哗

咦，是高型烧杯君……

啊

他里面有水!!

跳!!

咚咚咚咚咚

撕

自来水太可怕了……

我们还是会去找个有积水的地方吧。

呜呜

湿漉漉

烧杯君笔记

▼ 单看外表很难分清水和酒精。

啊——

酒精

咦??

我怎么……感觉晕乎乎的……

眼冒金星

升降台哥

用具名称	升降台 （lab jack）
用具作用	用来调整实验器具的 高低位置。
角色特点	非常爱笑，总是笑得 很大声。

不锈钢材质

此旋钮用于调节高度

罕见指数

易受损指数

价格指数

放太重的东西会很危险

什么都不做时也想把它调高调低

弯形干燥管君

用具名称	弯形干燥管 （drying tube）
用具作用	将氯化钙放入其中作为 干燥剂，防止空气中的 水分进入内部。
角色特点	总是脸朝下倒着，因为 它觉得这样更轻松。

氯化钙等干燥剂放在此处

经过磨砂处理

罕见指数

易受损指数

价格指数

需要经常更换其中的氯化钙

氯化钙会在其中凝固

科学计算机器人

用具名称 科学计算器
（scientific calculator）

用具作用 能进行三角函数和对数
等计算。

角色特点 虽然是个机器人，但有
一颗善良的心。

太阳能电池

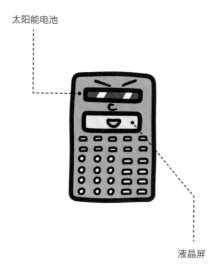

液晶屏

干燥器君

用具名称 干燥器
（desiccator）

用具作用 能保持干燥状态。

角色特点 迟钝至极。

厚实的玻璃材质

润滑油
增加黏着力

其中存放干燥剂

紧急喷淋装置君

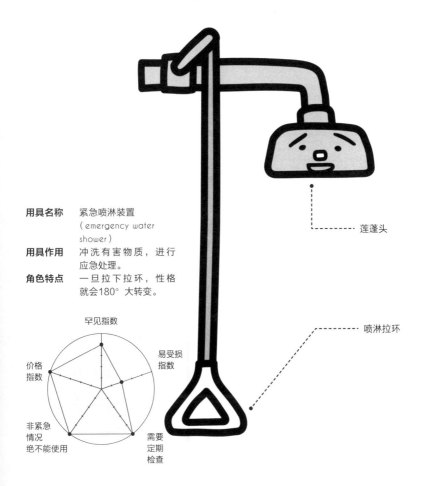

用具名称 紧急喷淋装置
（emergency water
shower）

用具作用 冲洗有害物质，进行
应急处理。

角色特点 一旦拉下拉环，性格
就会180°大转变。

早见指数

价格
指数

非紧急
情况
绝不能使用

易受损
指数

需要
定期
检查

莲蓬头

喷淋拉环

实验室最大的道具（准确说是设备！）应该就是通风橱了。它的基本材料是亚克力板，看起来就像上方安了一个强力排气扇的陈列橱似的。在做实验的时候，无论是有毒气体，还是含有挥发性较高的物质，在通风橱里产生的气体都会被排出（停电除外）。

在做实验的时候，偶尔还会遇到如此情况。当新人要做一个会产生有毒的硫化氢的实验时，如果遇到不友好的前辈，就很可能会被吼："到通风橱里去做！"听到这句话后，很多新人都会把实验器具和试剂搬到通风橱里，然后自己也戴上防护面具跑进通风橱。不过，在通风橱里做实验可不是这个意思（一般只要把实验用品放进去，然后伸手进去做就行了）！

白大褂和白十二单

　　说到做实验穿什么衣服，我们第一时间就会想到白大褂。不过白大褂也分很多种，有长有短，有单排扣和双排扣（大人物穿的）。袖口也分系绳和纽扣两种款式，但这只是个人喜好问题。颜色也很有考究，化学实验穿白色，护士和医生有时会穿粉色和蓝色，做手术则要穿绿色的（这都不属于"白"大褂了）。

　　说个题外话，手术服设计成绿色，这是基于人类的视觉性质。如果做手术的时候一直盯着血液，那么血液的颜色就会残留在视觉中（补色残像），如果这时看向偏白色的物体，就会看到红色的补色（即绿色）的残像。如此便会扰乱医生的心神，于是就把"白"大褂换成绿色了。

　　回到正题，做实验时选择穿白大褂的原因有两个。一是防止试剂弄脏自己的衣服，二是当试剂溅到白大褂上时，能够马上被发现。所以，穿白大褂的时候一般不会撸起袖子。而且，做实验时白大褂前面的纽扣也是要扣上的。经常听到有人说医生敞开白大褂走路的样子很帅，但医生在配制药品的时候也是会把扣子扣上的（应该是吧）。

　　另外，白大褂是做实验穿的，所以并不能御寒。但学校等地方的实验室一般都设在一楼，冬天一到就会非常冷。如果真的忍受不了，又没穿毛衣的话，可以把同事闲置的白大褂也穿上。实在冷得不行就多穿几件，就像日本平安时代女性穿的和服"十二单"那样。我还在某个实验室听到有人把这叫作"白十二单"呢（先说好……这不是普遍叫法哦）。不过，穿成这样就代表实验还没做完，完全没有十二单的艳丽和优雅（汗）。

是附赠的
哦——

附 录

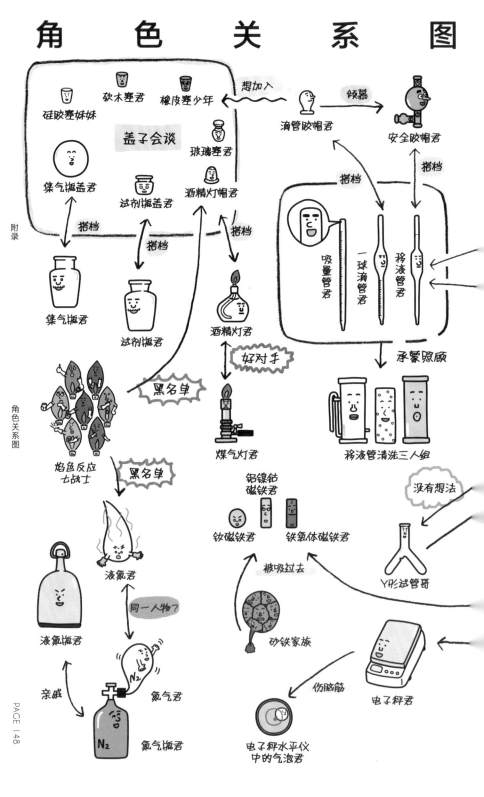

角 色 关 系 图

想加入

倾慕

硅胶塞妹妹

软木塞君

橡皮塞少年

滴管胶帽君

安全胶帽君

盖子会谈

玻璃塞君

搭档

集气瓶盖君

试剂瓶盖君

酒精灯帽君

搭档

搭档

吸量管君

一球滴管君

移液管君

搭档

搭档

搭档

集气瓶君

试剂瓶君

酒精灯君

承蒙照顾

好对手

黑名单

移液管清洗三人组

焰色反应七战士

黑名单

煤气灯君

没有想法

铝镍钴磁铁君

液氮君

钕磁铁君

铁氧体磁铁君

Y形试管哥

被吸过去

同一人物?

液氮瓶君

亲戚

N₂

氮气君

砂铁家族

伤脑筋

电子秤君

氮气瓶君

N₂

电子秤水平仪中的气泡君

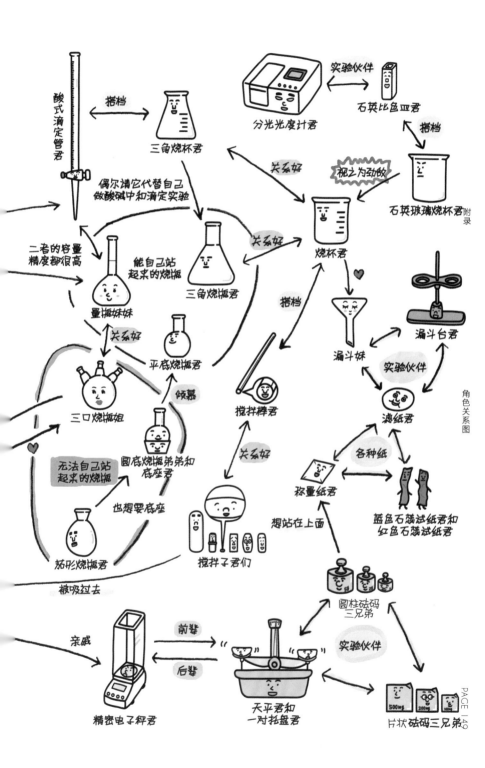

等　级　排　行

▶ "罕见指数" 排行

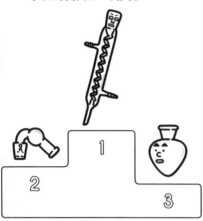

第一名　蛇形冷凝管君
第二名　弯形干燥管君
第三名　梨形烧瓶君

▶ "价格指数" 排行

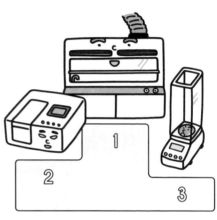

第一名　通风橱先生
第二名　分光光度计君
第三名　精密电子秤君

▶ "身高" 排行

第一名　通风橱先生
第二名　百叶箱老大
第三名　氮气瓶君

▶ "易受损指数" 排行

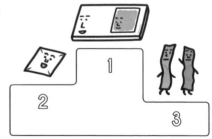

第一名　盖玻片君（玻片君）
第二名　称量纸君
第三名　蓝色石蕊试纸君和红色石蕊试纸君

▶ "难清洗指数"排行

第一名　三口烧瓶姐
第二名　蒸馏烧瓶君
第三名　长颈定氮烧瓶君

▶ "名字酷"排行

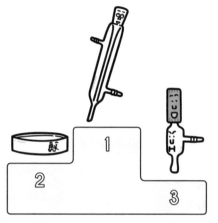

第一名　直形冷凝管
第二名　培养皿男爵
第三名　抽气泵君

▶ "易滚动指数"排行

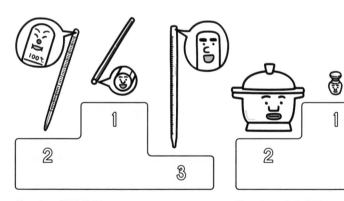

第一名　搅拌棒君
第二名　棒式温度计君
第三名　吸量管君

▶ "易卡住指数"排行

第一名　玻璃塞君
第二名　干燥器君的盖子
第三名　漏斗活塞君

名　词　解　释

萃取实验

这是分液漏斗夫人大展身手的实验，能在混合液中提取出特定成分。加入可溶解提取物但又不与原溶液相溶的溶液，将提取物转移出来。然后通过分液操作，使两种溶液分离。

焰色反应

是金属盐在火焰中灼烧时，使火焰呈现特殊的颜色的反应。例如含锂元素是红色，含钠元素是黄色等。每种元素都有其独特的光谱，烟花正是运用了这个原理。要注意的是，金属元素本身并没有在反应过程中燃烧，这只是受热产生的物理发光现象。

离心分离实验

借助离心管君和离心分离机君让溶液中的物质高速旋转，利用旋转产生的向心力达到物质分离的目的。如果溶液中含有直径0.0074毫米以下（比粉沙小）的微粒就比较麻烦，所以要有耐心。

表面活性剂

是指加入少量能使其溶液体系的界面状态发生明显变化的物质。具有固定的亲水亲油基团，在溶液的表面能定向排列。

抽滤

这个实验是抽滤瓶君一展身手的好机会。在抽气泵君的帮助下，抽滤瓶君内部的压强会减小，然后从抽滤漏斗的底部吸取过滤的液体。但如果过滤的是雨后的河水，那过滤一次估计得花三个小时……（亲身体验）。都够慢悠悠地打两圈麻将了。

纯水

指不含任何杂质或矿物质的水。实际上有没有杂质还得通过精密的分析才能确定。有时候纯水也是会喝坏肚子的，所以最好不要饮用。另外还有一种超纯水，这种水几乎不含任何杂质，远比纯水纯净。

凯氏定氮法

这是丹麦化学家克达尔研究制定出的一种测定物资含氮量的方法。这种方法也经常用于食品安全检查，定氮烧瓶君就是为这个方法量身定制的实验用具。（毫无疑问！）

晶体析出实验

这个实验完全就是表面皿妹妹的舞台。实验目的是析出溶液里的溶质结晶。比如加热食盐水，蒸发水分，析出食盐水里的盐就是个很好理解的例子。但要注意，实验室里使用的食盐是不能入口的（一点都不好吃）。

合成实验

其实这个实验就是将物质A和物质B混合，生成物质C、物质D或物质E。这是最基本的化学反应之一，可谓司空见惯。如果C、D、E中有一个是金的话，不就变成炼金术了吗？！

蒸馏实验

实验通过蒸馏烧瓶君，根据物质不同的沸点和汽化温度，将特定成分从混合物中提取出来。大致的步骤就是加热→沸点或汽化温度较低的成分汽化→冷却再次变回液态。有一种沙漠求生技能，是利用塑料膜，日光蒸馏取水，二者的原理是一样的。

归零

这是使用天平之前必做的一步——左右托盘不放任何东西，调节好左右的平衡，使指针指向零。这一步非常容易遗忘，而且很多时候都会在实验快要结束的时候才想起忘记归零，导致前功尽弃。

酸碱中和滴定

酸碱中和滴定实验的主角非酸式滴定管君莫属。在未知浓度的酸性（或碱性）液体中，加入酚酞试液、甲基橙等酸碱指示剂。然后调出特定浓度的碱性（酸性）液体，一点一点地滴进溶液里，使其刚好变成中性。接近中性时最后那一滴至关重要，有时候一滴就会造成很大的变化，所以这个实验是很费神的，如果不小心加多了就要哭了。我们做实验时偶尔会玩"滴定轮盘"，像俄罗斯轮盘那样每人滴一滴，谁搞砸了就谁请吃饭。（什么？你竟然没玩过？！）

培养实验

在培养皿男爵里做一个琼脂培养基，让微生物活细胞在其中繁殖。这个实验一旦混入杂质（如杂菌或其他成分）就会失败，所以一定要做好充分的准备和管理。

索引

一球滴管君
→P.47

滴管胶帽君
→P.44

橡皮塞少年
→P.37

砂铁家族
→P.133

燃烧匙妹妹
→P.100

泥三角三人组
→P.99

三角烧瓶君
→P.16

Cl_2分子模型君
→P.141

试管架君
→P.27

试管夹君
→P.27

试管兄弟
→P.26

磁铁君们
→P.131

铁架台君
→P.139

实验燃气炉君
→P.98

培养皿男爵
→P.30

试剂瓶君和
试剂瓶盖君
→P.32

集气瓶君和
集气瓶盖君
→P.32

蒸发皿大叔
→P.31

硅胶塞妹妹
→P.36

搅拌子君们
→P.82

燃烧前的钢丝球君和
燃烧后的钢丝球爷爷
→P.101

不锈钢烧杯君和
盖子君
→P.8

电子秒表君和
机械秒表君
→P.67

精密电子秤君
→P.52

石英玻璃烧杯君
→P.9

石英比色皿君
→P.66

刷子君们
→P.88

洗瓶君
→P.89

软木塞君
→P.37

指南针爷爷
→P.67

蓝色石蕊试纸君和
红色石蕊试纸君
→P.62

测试导线
双胞胎
→P.130

抽气泵君和
胶管君
→P.79

酒精灯君和
酒精灯帽君
→P.94

安全胶帽君
→P.44

天平君和
一对托盘君
→P.50

H₂O分子模型君
→P.141

液氮君
→P.112

液氮瓶君
→P.112

蒸馏烧瓶君
→P.20

弯形干燥管君
→P.143

焰色反应（FR7）
→P.105

焰色反应红战士
→P.104

离心分离机君
→P.28

离心管君和
微量离心管君
→P.28

折叠式
放大镜君
→P.123

煤气灯君
→P.95

金属网哥
→P.98

搅拌棒君
→P.84

科学计算机器人
→P.144

抽滤瓶君
→P.78

紧急喷淋装置君
→P.145

蛇形冷凝管君
→P.111

便携式放大镜君
→P.123

长颈定氮烧瓶君
→P.23

显微镜小队
→P.119

三角烧杯君
→P.5

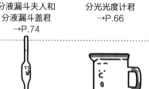

分液漏斗夫人和
分液漏斗盖君
→P.74

分光光度计君
→P.66

圆柱砝码三兄弟
→P.51

pH试纸君和比色卡君
→P.63

棒式温度计君
→P.64

移液管君
→P.46

搪瓷烧杯君
→P.09

磁力搅拌器君
→P.84

火柴君
→P.96

小灯泡宝宝
→P.130

圆底烧瓶弟弟和
底座君
→P.17

三口烧瓶姐
→P.22

微量刮勺君
→P.33

量杯君
→P.43

量筒君
→P.42

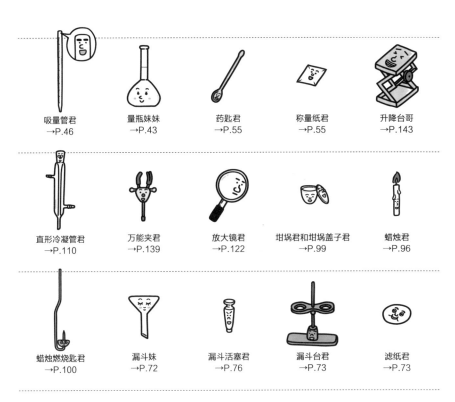

吸量管君
→P.46

量瓶妹妹
→P.43

药匙君
→P.55

称量纸君
→P.55

升降台哥
→P.143

直形冷凝管君
→P.110

万能夹君
→P.139

放大镜君
→P.122

坩埚君和坩埚盖子君
→P.99

蜡烛君
→P.96

蜡烛燃烧匙君
→P.100

漏斗妹
→P.72

漏斗活塞君
→P.76

漏斗台君
→P.73

滤纸君
→P.73

球形冷凝管君
→P.111

氮气瓶君和
氮气君
→P.138

滴液漏斗哥
→P.76

干燥器君
→P.144

数字温度计君
→P.64

带柄烧杯君
→P.08

电流表君和
电压表君
→P.129

电源装置妹妹
→P.129

电子秤君
→P.52

电子秤水平仪中的
气泡君
→P.53

电子点火器君
→P.95

干电池君们
→P.128

高型烧杯君
→P.05

表面皿妹妹
→P.31

玻璃塞君
→P.36

通风橱先生
→P.140

梨形烧瓶君
→P.20

茄形烧瓶君
→P.18

研钵君和钵杵君
→P.85

弹簧秤长老
→P.54

片状砝码三兄弟
→P.51

烧杯君
→P.04

移液管清洗三人组
→P.89

百叶箱老大
→P.65

酸式滴定管君
→P.47

平底烧瓶君
→P.18

镊子君
→P.54

Y形试管哥
→P.30

布氏漏斗爷爷
→P.77

玻片君
→P.118